BAOZHUANG
GONGCHENG ZHUANYE
SHIYAN ZHIDAO

包装工程专业实验指导

主　编|张书彬

副主编|黄美娜　杨祖彬　马　斌

参　编|赵　彬　程惠峰　徐绍虎

马宴苹　陈希瑞　杨　帆

内容提要

本书系包装工程专业学生的实验指导教材，内容包括包装工程专业基础课程实验、包装工程专业核心课程实验及包装工程专业综合实验三部分。包装工程专业基础课程实验包含工程力学和机械设计基础两门课程的实验项目；包装工程专业核心课程实验包含包装材料学、包装工艺学、物流运输包装设计、包装印刷技术等专业核心课程的实验项目；包装工程专业综合实验是基于项目设计的实验。本书可作为普通高校包装工程专业本专科学生的实验教材，也可作为包装企业技术人员的技术资料。

图书在版编目（CIP）数据

包装工程专业实验指导 / 张书彬主编. — 北京 ：
文化发展出版社有限公司，2019.6
ISBN 978-7-5142-2624-9

Ⅰ. ①包… Ⅱ. ①张… Ⅲ. ①包装－工程技术－实验
－高等学校－教材 Ⅳ. ①TB48-33

中国版本图书馆CIP数据核字(2019)第077555号

包装工程专业实验指导

主　　编：张书彬
副 主 编：黄美娜　杨祖彬　马　斌
参　　编：赵　彬　程惠峰　徐绍虎　马宴苹　陈希瑞　杨　帆

责任编辑：李　毅
执行编辑：魏晓峰　　　　责任校对：岳智勇
责任印制：邓辉明　　　　责任设计：侯　铮
出版发行：文化发展出版社有限公司（北京市翠微路2号 邮编：100036）
网　　址：www.wenhuafazhan.com　www.printhome.com　www.keyin.cn
经　　销：各地新华书店
印　　刷：北京建宏印刷有限公司

开　　本：787mm×1092mm　1/16
字　　数：160千字
印　　张：10.375
印　　次：2019年10月第1版　2019年10月第1次印刷
定　　价：49.00元
I S B N ：978-7-5142-2624-9

◆ 如发现任何质量问题请与我社发行部联系。发行部电话：010-88275710

素质教育以培养学生的创新精神和实验能力为重点，高校的实验教学注重理论和实践相结合，培养学生创新能力和工程实践能力。高等教育要想培养出高素质的适应时代需要的人才，就必须重视实验教学这一环节，实验教学在培养学生综合素质和创新能力方面具有其它教学环节不可替代的作用。

《包装工程专业实验指导》打破以课程实验形式开展实验教学的传统模式，按照学科相近及实验内容的内在联系，将包装工程专业各课程实验内容进行整合，独立设置实验课程。独立设置实验课程，各门专业课程理论部分仍由原来的学科教师任教，实验部分脱离并人实验教学一个系统中进行优化组合独立设课，由专任实验教师指导。实验课独立设置不是和理论分开，而是一种教学理念的转变，由原来的实验从属于理论教学模式转化为现在在国外广为推行的理论、讨论和实验结合为一体的教学模式。

本书系包装工程专业学生的实验指导教材，内容包括包装工程基础课程实验、包装工程专业核心课程实验及包装综合实验三部分。包装工程基础课程实验包含工程力学和机械设计基础两门课程的实验项目；包装工程专业核心课程实验包含包装材料学、包装工艺学、物流运输包装设计、包装印刷技术等专业核心课程的实验项目；包装综合实验是基于项目设计的实验。

本书由重庆工商大学教师编写。张书彬副教授任主编，黄美娜副教授、杨祖彬教授、马斌实验师任副主编。第一章由马斌、陈希瑞副教授、马晏苹副教授编写，第二章由张书彬、黄美娜、杨祖彬、赵彬副教授、程惠峰讲师、徐绍虎讲师编写，第三章由张书彬、黄美娜、杨祖彬编写。

本书可作为普通高校包装工程专业本专科学生的实验参考书，也可以作为高职院校学生包装工程实验指导书，以及毕业设计和毕业论文的参考书，也可供从事包装、食品、轻工、外贸的科研人员、设计人员、质量检测人员及高等院校其他相关专业的师生参考。

编　者

2019 年 7 月

目录 CONTENTS

第1章 包装工程专业基础课程实验

实验一 材料的拉伸实验

材料的力学性能实验必须按照现行国家标准进行，目前关于拉伸实验现行国家标准有 GB/T 228.1—2010《金属材料　拉伸试验　第 1 部分：室温试验方法》、GB/T 228.2—2015《金属材料　拉伸试验　第 2 部分：高温试验方法》、GB/T 13239—2006《金属材料　低温拉伸试验方法》、GB/T 24584—2009《金属材料　拉伸试验　液氦试验方法》、GB/T 30069.2—2016《金属材料、高应变速率拉伸试验　第 2 部分：液压伺服型与其他类型试验系统》，目前教学主要进行常温下的实验，因而此处拉伸实验主要依据的国家标准是 GB/T 228.1—2010《金属材料　拉伸试验　第 1 部分：室温试验方法》。

一、实验目的

1. 测定低碳钢拉伸时的强度性能指标：上屈服强度 R_{eH}、下屈服强度 R_{eL} 和抗拉强度 R_m。

2. 测定低碳钢拉伸时的塑性性能指标：断面伸长率 A 和断面收缩率 Z。

3. 测定灰铸铁拉伸时的强度性能指标：抗拉强度 R_m。

4. 比较低碳钢与灰铸铁在拉伸时的力学性能和破坏形式。

二、实验设备和仪器

1. 液压式万能试验机。

2. 电子式万能试验机。

3. 游标卡尺。

三、实验试样

按照国家标准 GB/T 228.1—2010《金属材料　拉伸试验　第 1 部分：室温试验方法》，金属拉伸试样的形状随着产品的品种、规格以及实验目的的不同而分为圆形截面试样、矩形截面试样、异形截面试样和不经机加工的全截面形状试样四种。其中最常用的是圆形截面试样和矩形截面试样。

如图 1-1 所示，圆形截面试样和矩形截面试样均由平行、过渡和夹持三部分组成。平行部分的实验段长度 L_o 称为试样的标距，按试样的标距 L_o 与横截面面积 S_o 之间的关系，分为比例试样和定标距试样。圆形截面比例试样通常取 $L_o = 10d_o$ 或 $L_o = 5d_o$，矩形截面比例试样通常取 $L_o = 11.3\sqrt{S_o}$ 或 $L_o = 5.65\sqrt{S_o}$，其中，前者称为长比例试样（简称长试样），后者称为短比例试样（简称短试样）。过渡部分以圆弧与平行部分光滑地连接，以保证试样断裂时的断口在平行部分。夹持部分稍大，其形状和尺寸根据试样大小、材料特性、实验目的以及万能试验机的夹具结构进行设计。

对试样的形状、尺寸和加工的技术要求参见国家标准 GB/T 228.1—2010《金属材料　拉伸试验　第 1 部分：室温试验方法》。

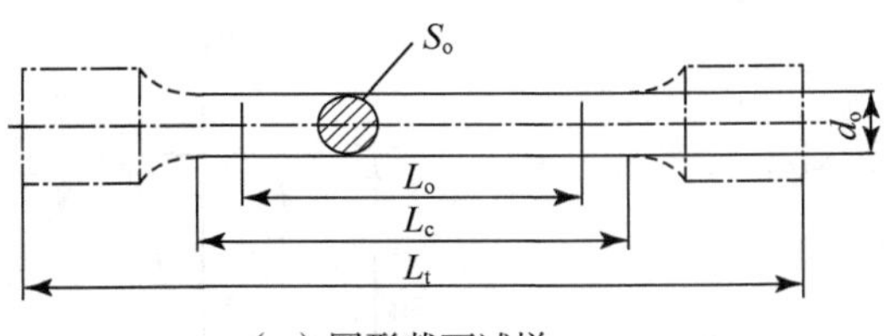

（a）圆形截面试样

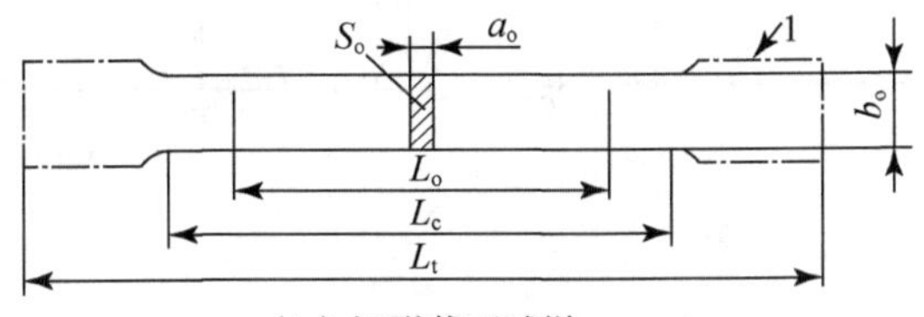

（b）矩形截面试样

S_o—原始横截面面积；

d_o—圆形横截面试样平行长度的原始直径或圆丝原始直径或管的原始内径；

L_o—原始标距；L_c—平行长度；

L_t—试样总长度；a_o—矩形截面试样原始厚度或原始管壁厚度；

b_o—矩形横截面试样平行长度的原始宽度或管的纵向剖条宽度或扁丝原始宽度。

图 1-1　拉伸试样

四、实验原理与方法

1. 测定低碳钢拉伸时的强度和塑性性能指标

（1）强度性能指标

上屈服强度 R_{eH}——试样在拉伸过程中载荷首次下降前的最大力值 F_{eH} 除以原始横截面面积 S_o 所得的应力值，即 $R_{eH}=\dfrac{F_{eH}}{S_o}$。

下屈服强度 R_{eL}——不计初始瞬时效应时屈服阶段中的最小力值 F_{eL} 除以原始横截面面积 S_o 所得的应力值，即 $R_{eL}=\dfrac{F_{eL}}{S_o}$。

抗拉强度 R_m——试样在拉断前所承受的最大载荷 F_m 除以原始横截面面积 S_o 所得的应力值，即 $R_m=\dfrac{F_m}{S_o}$。

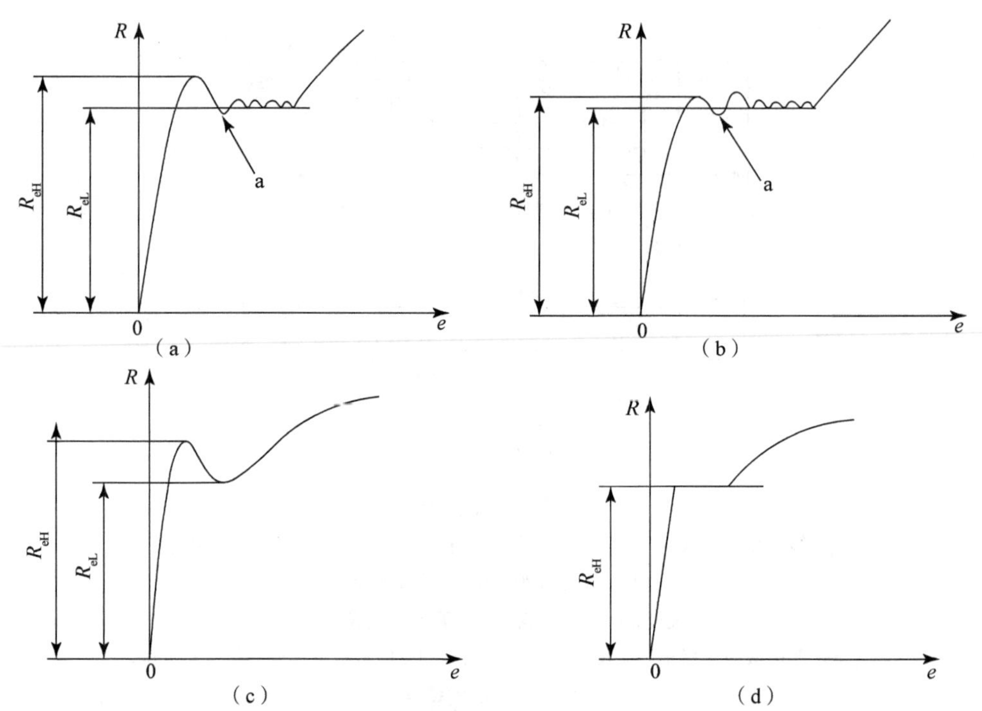

e—延伸率；R—应力；R_{eH}—上屈服强度；R_{eH}—下屈服强度；a—初始瞬时效应。

图 1-2　不同类型曲线的上屈服强度和下屈服强度

（2）塑性性能指标

断后伸长率 A——拉断后的试样标距部分所增加的长度与原始标距长度的百分比，即$A=\dfrac{L_u-L_o}{L_o}\times100\%$，如图 1-3 所示。式中：$L_o$ 为试样的原始标距；L_u 为将拉断的试样对接起来后两标点之间的距离。

低碳钢是具有明显屈服现象的塑性材料，在局部变形阶段，可以看到，在试样的某一部位局部变形加快，出现颈缩现象，随后试样很快被拉断。

试样的塑性变形集中产生在颈缩处，并向两边逐渐减小。因此，断口的位置不同，标距 L_o 部分的塑性伸长也不同。若断口在试样的中部，发生严重塑性变形的颈缩段全部在标距长度内，标距长度就有较大的塑性伸长量；若断口距标距端很近，则发生严重塑性变形的颈缩段只有一部分在标距长度内，另一部分在标距长度外，在这种情况下，标距长度的塑性伸长量就小。因此，断口的位置对所测得的伸长率有影响。为了避免这种影响，国家标准 GB/T 228.1—2010《金属材料　拉伸试验　第 1 部分：室温试验方法》附录 H 对 A 的测定做了如下规定。

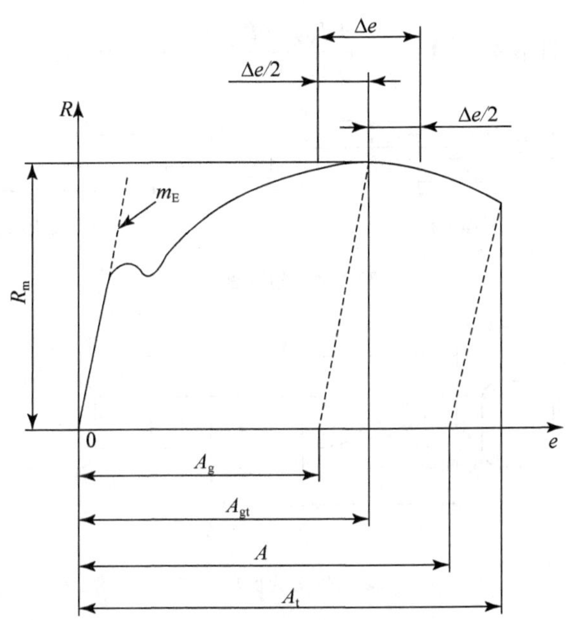

A—断后伸长率（从引伸计的信号测得或者直接从试样上测得这一性能）；
A_g—最大力 F_m 塑性延伸率；A_{gt}—最大力 F_m 总延伸率；A_t—断裂后总延伸率；
e—延伸率；*R*—应力；R_m—抗拉强度；m_E—应力—延伸率曲线弹性部分的斜率；
Δ_e—平台范围

图 1-3　延伸的定义

附录 H 规定，为了避免由于试样断裂位置不符合图 1-4 所示的条件断裂而报废试样，可使用以下方法：

① 实验前将试样原始标距细分为 5mm（推荐）到 10mm 的 *N* 等份；

② 实验后，以符号 X 表示断裂后试样短段的标距标记，以符号 Y 表示断裂后试样长段的等分标记，此标记与断裂处的距离最接近于断裂处至标距标记 X 的距离。如 X 与 Y 之间的分格数为 *n*，按如下测定断后伸长率：

1）如 *N*-*n* 为偶数见图〔1-5（a）〕，测量 X 与 Y 之间的距离 l_{XY} 和测量从 Y 至距离为 $(N-n)/2$ 个分格的 Z 标记之间的距离 l_{YZ}。按照下式计算断后伸长率：

$$A=\frac{l_{XY}+2l_{YZ}-L_o}{L_o}\times 100\%。$$

2）如 *N*-*n* 为奇数见图〔1-5（b）〕，测量 X 与 Y 之间的距离 l_{XY}，以及从 Y 至距离为 $(N-n-1)/2$ 和 $(N-n+1)/2$ 个分格的 Z' 和 Z" 标记之间的距离 $l_{YZ'}$ 和 $l_{YZ''}$。

按照下式计算断后伸长率：$A=\dfrac{l_{XY}+l_{YZ'}+l_{YZ''}-L_o}{L_o}\times 100\%$。

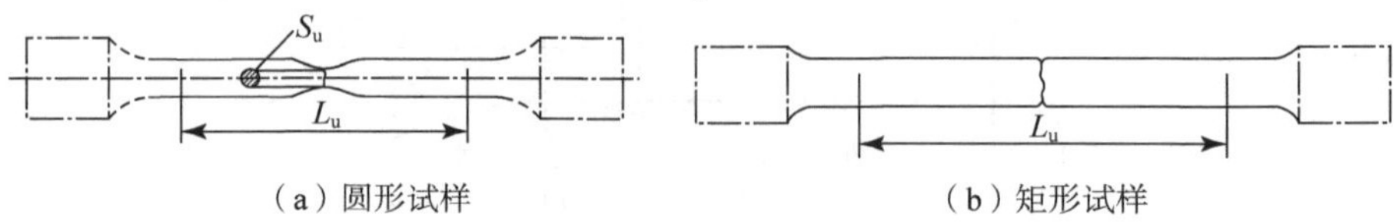

（a）圆形试样　　（b）矩形试样

图 1-4　拉断试样

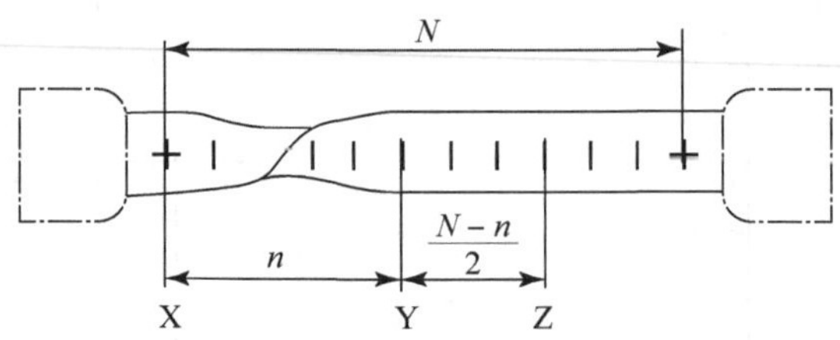

（a）$N-n$ 为偶数

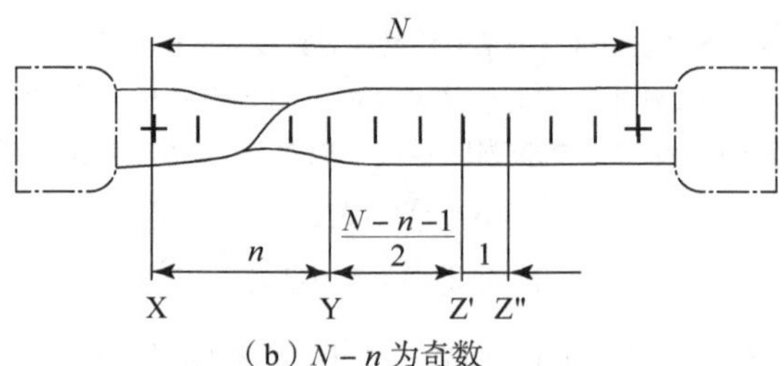

（b）$N-n$ 为奇数

n—X 与 Y 之间的分格数；N— 等分的份数；X— 断裂后试样短段的标距标记；

Y— 断裂后试样长段的等分标记；Z Z' Z"— 分度标记

图 1-5　移位法测定断后伸长率

断面收缩率 Z——拉断后的试样在断裂处的最小横截面面积的缩减量与原始横截面面积的百分比，即$Z=\dfrac{S_o-S_u}{S_o}\times 100\%$。式中：$S_o$ 为试样的原始横截面面积；S_u 为拉断后的试样在断口处的最小横截面面积。

2. 测定灰铸铁拉伸时强度性能指标

灰铸铁在拉伸过程中，当变形很小时就会断裂，万能试验机的指针所指示的最大载荷 F_m 除以原始横截面面积 S_o 所得的应力值即为抗拉强度 R_m，即 $R_m=\dfrac{F_m}{S_o}$。

3. 试验机介绍

（1）微机控制电子万能试验机

① 微机控制电子万能试验机介绍

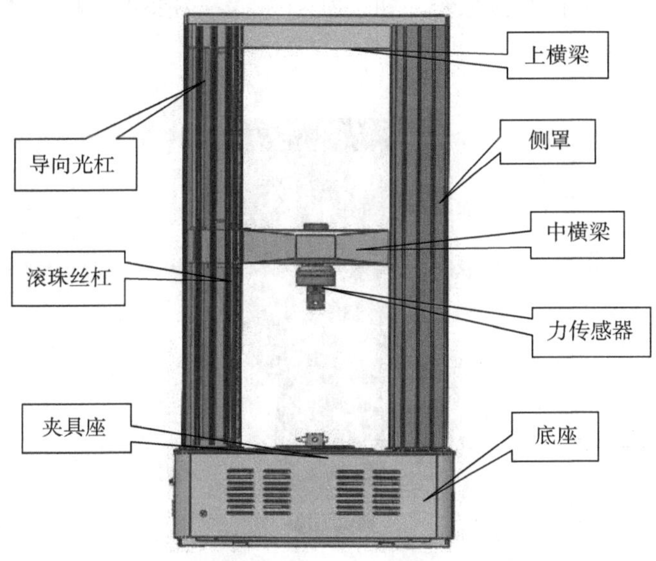

图 1-6　微机控制电子万能试验机结构

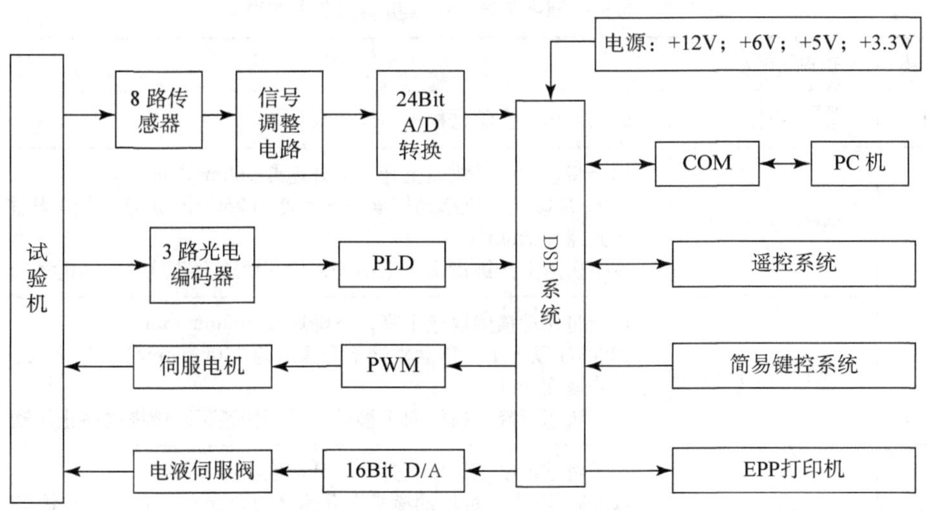

图 1-7　微机控制电子万能试验机电气图

② 微机控制电子万能试验机实验操作

开机：试验机→计算机→打印机。主机和计算机的开机顺序会影响计算机的通信初始，所以必须严格按照上述开机顺序进行。每次开机后要预热5分钟，待系统稳定后，才可进行实验工作。如果刚刚关机，需要再开机，至少保证1分钟的间隔时间。

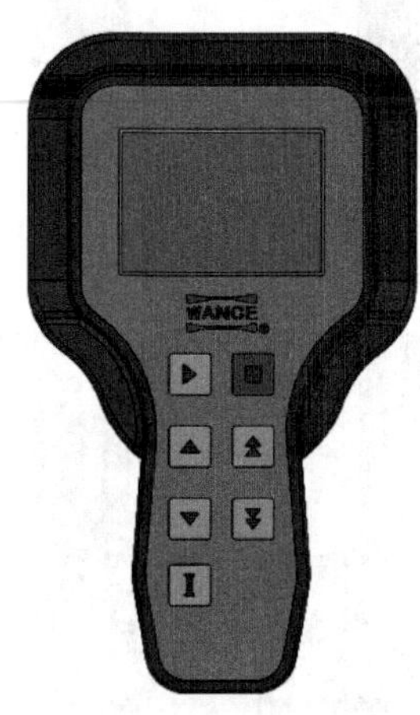

图 1-8　微机控制电子万能试验机操作盒

表 1-1　微机控制电子万能试验机操作盒操作说明

序号	控制 / 指示灯	说明
1	■停止键	此功能用于实验过程中，停止实验
2	⇑快速上升键	用于将移动横梁快速上升，上升速度 500mm/min （200kN 以上主机移动横梁上升速度为 250mm/min），校准状态下上升速度 2mm/min 按下快速上升键横梁向上移动，松开快速上升键横梁停止移动
3	⇓快速下降键	用于将移动横梁快速下降，下降速度 500mm/min （200kN 以上主机移动横梁下降速度为 250mm/min），校准状态下下降速度 2mm/min 按下快速下降键横梁向下移动，松开快速下降键横梁停止移动
4	▲缓慢上升键	用于将移动横梁缓慢上升，上升速度 50mm/min （200kN 以上主机移动横梁上升速度为 25mm/min），校准状态下上升速度 0.2mm/min 按下缓慢上升键横梁向上移动，松开缓慢上升键横梁停止移动

续表

序号	控制 / 指示灯	说明
5	▼缓慢下降键	用于将移动横梁缓慢下降，下降速度 50mm/min （200kN 以上主机移动横梁下降速度为 25mm/min），校准状态下下降速度 0.2mm/min 按下缓慢下降键横梁向下移动，松开缓慢下降键横梁停止移动
6	▶运行键	按运行键，机器将按设定的实验方案进行实验
7	I 试样保护键	用于消除试样在夹持过程中的初夹力（自动移动横梁，使试样所承受力小于一定设定值）

关机：试验机→打印机→计算。

装夹试样：通过操作手柄将横梁移动到合适位置，通过脚踏板控制夹具夹紧和松开，安装上试样。夹住试样时注意试样已固定在夹块的 V 型槽内，与夹块的齿形接触良好，试样没有触到夹具的底部。本机配备有不同的夹具以完成各种材料的拉伸、压缩、弯曲、剪切、剥离、撕裂等力学性能实验，能满足金属及非金属的片、带、箔、条、线、纤维、板、棒、块、绳、布、网等不同材料力学性能实验的夹持要求。

运行实验：点开 Testpilot-ETM 软件时，我们看到的实验控制界面如图 1-9 所示，进入该界面后根据要求对其进行设置并运行。

在主界面上可进行传感器显示设置，速度栏可以 4 种方式调节横梁移动速度，调节横梁位置便于装卸试样，软件状态栏、实验状态区分别显示当前软件和实验状态。软件状态栏显示曲线遍历速度、鼠标在曲线上的坐标、系统日期、系统时间、实验运行时间、当前用户名等信息。实验状态区用于显示实验过程中实验运行的步骤。软件主功能界面下的功能区有输入用户参数、单图、多图和查询四种功能选择。选择【输入用户参数】后可设置实验方案、存盘文件名和查看实验参数等；选择【单图】后可查看实验曲线、实验结果，也可修改用户输入参数和切换引伸计，修改用户输入参数后点击＜应用＞，程序将用您修改后的试样参数重新计算结果，并可以生成、打印和导出实验报告；选择【多图】界面后可观察三种不同曲线；选择【查询】后可按文件名、实验日期和实验方案名或上述三者的组合查询实验曲线、报表和重新生成报告。

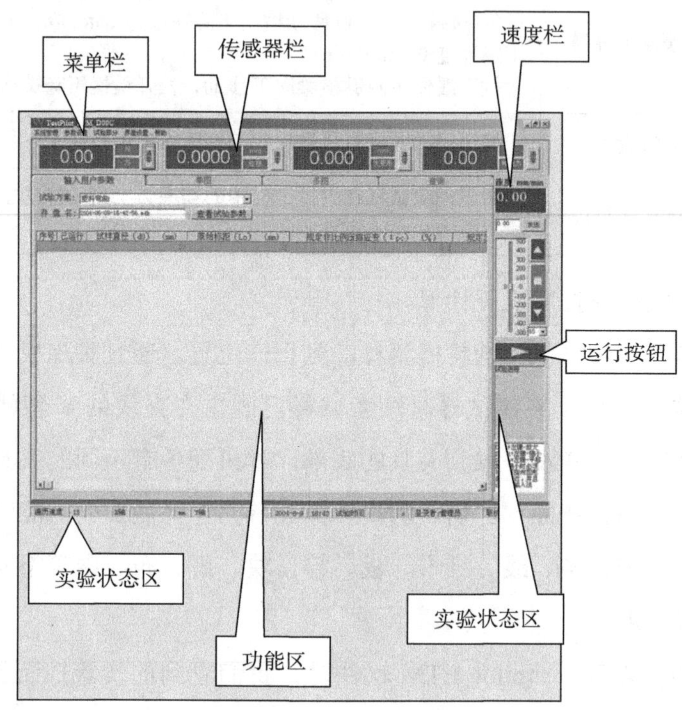

图 1-9 控制软件界面图

完成实验：在主功能界面下的功能区选择【单图或试验】后，双击单图的曲线区则进入曲线分析功能区，在界面上显示曲线序号、可选择显示最大力、弹性段起点、弹性段终点、上屈服点和下屈服点等特征点；单击鼠标右键时可进行取消遍历、图像还原、遍历、特征点拾取、存储所有特征点和图形处理的快捷键设置等操作。

实验报告生成：试样完成后，单击实验报告键，进入实验报告预览窗口，如图 1-10 所示。

（2）WDW － E100 电子万能试验机操作规程

根据试样的形状、尺寸及实验目的更换传感器插头及合适的夹具。

打开主机变压器、控制箱开关，进入预热状态。

开启计算机，点击桌面“testsoft”图标，按空格键进入 WDW 界面。

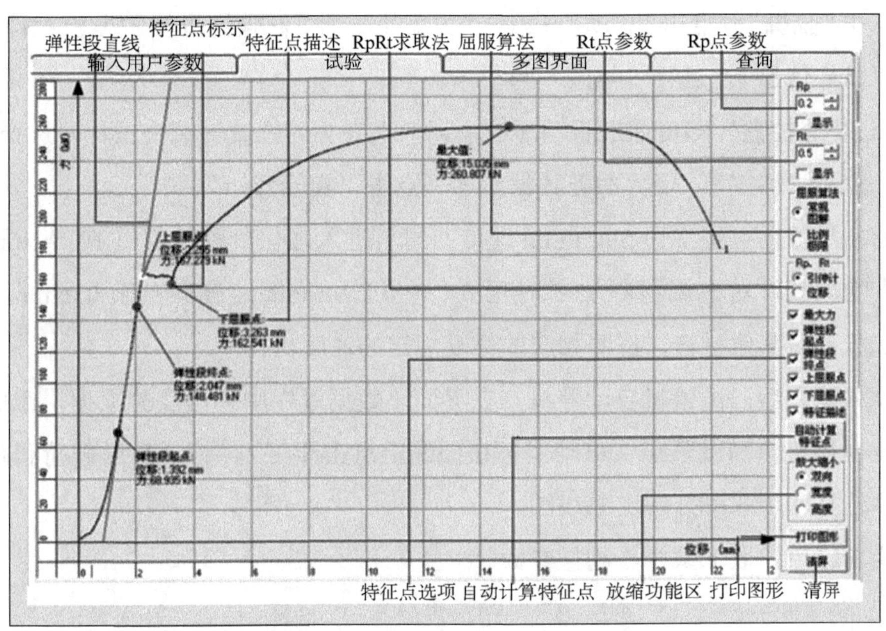

图 1-10　控制软件实验曲线分析界面

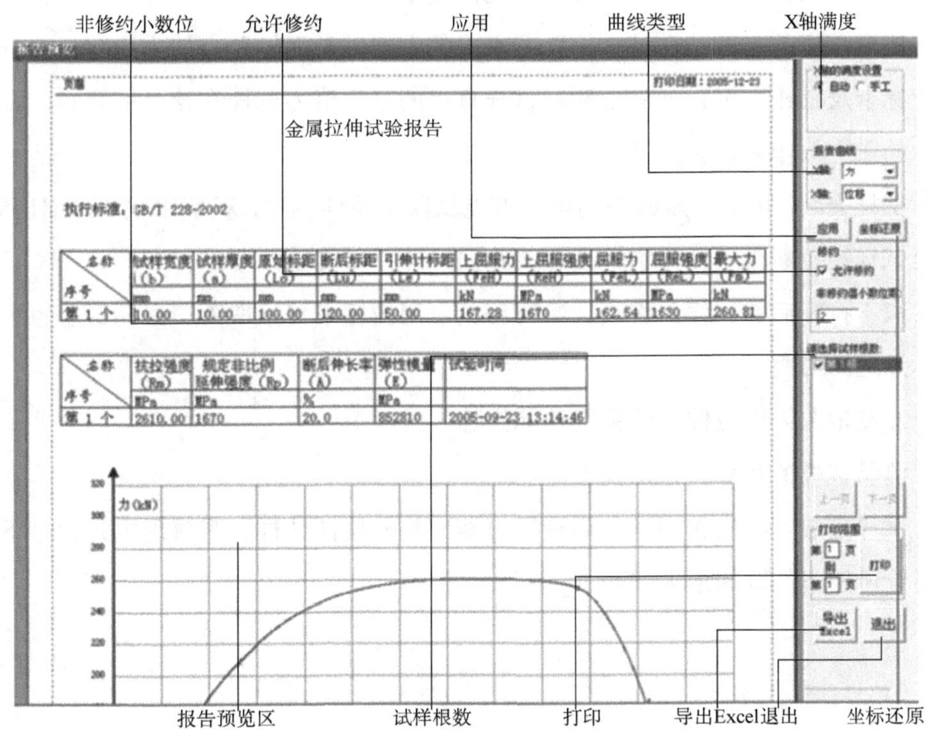

图 1-11　金属拉伸实验报告

点击“脱机”—点击“启动”—点击“方案”：选择“低碳钢拉伸”“常温拉伸”—点击“试样信息”，进行“修改”与“添加”。

点击“遥控盒”，即可通过手动遥控盒调节上夹头的位置—装夹试样—选择“手动”—点击“清零”，使界面各数据归零—点击“实验开始”。

材料屈服前可用 2 ～ 5mm/min 速度；材料进入强化阶段后可用 10 ～ 20mm/min 速度加载。对金属材料测 E 时用 0.1 ～ 0.2mm/min 速度，甚至 0.05mm/min 速度加载，对其他材料，按照相应的标准规定的速度执行。

试样断裂后，试验机自动停机。在界面“数据库”中调出实验数据，在曲线图上找出屈服点和极限点（移动鼠标在曲线上点击即可），记录屈服载荷和强度载荷。选打印项即可打印出曲线图。

实验结束。取下试样，测量参数。

五、实验步骤

1. 测定低碳钢拉伸时的强度和塑性性能指标

测量试样的尺寸。在试样标距范围内的中间以及两标距点的内侧附近，分别用游标卡尺在相互垂直方向上测取试样直径的平均值为试样在该处的直径，取三者中的最小值作为计算直径。

试样安装。按操作规程使用电子万能试验机拉伸试样，观察屈服和颈缩现象，直至试样被拉断为止，分别记录载荷数据，并打印实验数据。

取下拉断后的试样，将断口吻合压紧，用游标卡尺量取断口处的最小直径和两标点之间的距离。

2. 测定灰铸铁拉伸时的强度性能指标

测量试样的尺寸。方法同上。

试样安装。按操作规程使用液压万能试验机拉伸试样，观察现象，记录下从动指针所停留位置的最大载荷 F_m。

六、实验数据的记录与计算

1. 测定低碳钢拉伸时的强度和塑性性能指标

表 1-2　测定低碳钢拉伸时的强度和塑性性能指标实验的数据记录与计算

试样尺寸			实验数据		
实验前：			上屈服载荷	$F_{eH}=$	kN
标　　距	$L_o=$	mm	下屈服载荷	$F_{eL}=$	kN
直　　径	$d_o=$	mm	最大载荷	$F_m=$	kN
初始横截面面积	$S_o=$	mm^2	上屈服强度	$R_{eH}=F_{eH}/S_o=$	MPa
实验后：			下屈服强度	$R_{eL}=F_{eL}/S_o=$	MPa
标　　距	$L_u=$	mm	抗拉强度	$R_m=F_m/S_o=$	MPa
最小直径	$d_u=$	mm	伸　长　率	$A=(L_u-L_o)/L_o\times100\%=$	
断口最小横截面面积	$S_u=$	mm^2	断面收缩率	$Z=(S_u-S_o)/S_o\times100\%=$	

2. 测定灰铸铁拉伸时的强度性能指标

表 1-3　测定灰铸铁拉伸时的强度性能指标实验的数据记录与计算

试样尺寸			实验数据		
实验前：					
直径	$d_o=$	mm	最大载荷	$F_m=$	kN
初始横截面面积	$S_o=$	mm^2	抗拉强度	$R_m=F_m/S_o=$	MPa

3. 拉伸实验结果的计算精确度

（1）强度性能指标（屈服应力 R_{eH}、R_{eL} 和抗拉强度 R_m）的计算精度要求为 0.5MPa，即凡 <0.25MPa 的数值舍去，≥ 0.25MPa 而 <0.75MPa 的数值简化为 0.5MPa，≥ 0.75MPa 的数值则进为 1MPa。

（2）塑性性能指标（伸长率 A 和断面收缩率 Z）的计算精度要求为 0.5%，即凡 <0.25% 的数值舍去，≥ 0.25% 而 <0.75% 的数值简化为 0.5%，≥ 0.75% 的数值则进为 1%。

七、注意事项

1. 实验时必须严格遵守实验设备和仪器的各项操作规程，严禁开“快速”挡加载。开动万能试验机后，操作者不得离开工作岗位，实验中如发生故障应立即停机。

2. 加载时速度要均匀缓慢，防止冲击。

八、思考题

1. 低碳钢和灰铸铁在常温静载拉伸时的力学性能和破坏形式有何异同？

2. 测定材料的力学性能有何实用价值？

3. 你认为产生实验结果误差的因素有哪些？应如何避免或减小其影响？

实验二　材料的压缩实验

一、实验目的

1. 测定低碳钢压缩时的强度性能指标：屈服应力 R_{eHc}、R_{eLc}。

2. 测定灰铸铁压缩时的强度性能指标：抗压强度 R_{mc}。

3. 绘制低碳钢和灰铸铁的压缩图，比较低碳钢与灰铸铁在压缩时的变形特点和破坏形式。

二、实验设备和仪器

1. 万能试验机。

2. 游标卡尺。

三、实验试样

按照国家标准 GB/T7314—2005《金属材料　室温压缩试验方法》，金属压缩试样的形状随着产品的品种、规格以及实验目的的不同而分为圆柱体试样、正方形柱体试样和板状试样三种。对试样的形状、尺寸和加工的技术要求参见国家标准 GB/T7314—2005《金属材料　室温压缩试验方法》，其中最常用的是圆柱体试样和正方形柱体试样，如图 1-12 所示。根据实验的目的，对试样的标距 L 做如下规定：

L=（1 ～ 2）d 的试样仅适用于测定 R_{mc}。

L=（2.5 ～ 3.5）d（或 b）的试样适用于测定 R_{pc}、R_{tc}、R_{eHc}、R_{eLc}、R_{mc}。

L=（5 ～ 8）d（或 b）的试样适用于测定 $R_{pc0.01}$ 和 E_c。

其中 d（或 b）=10 ～ 20mm。

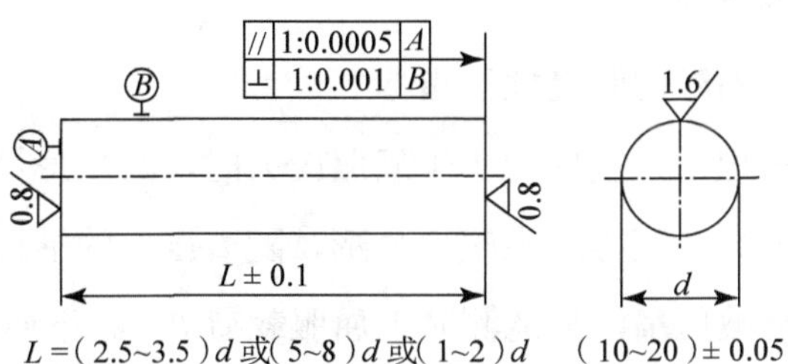

（a）圆柱体试样

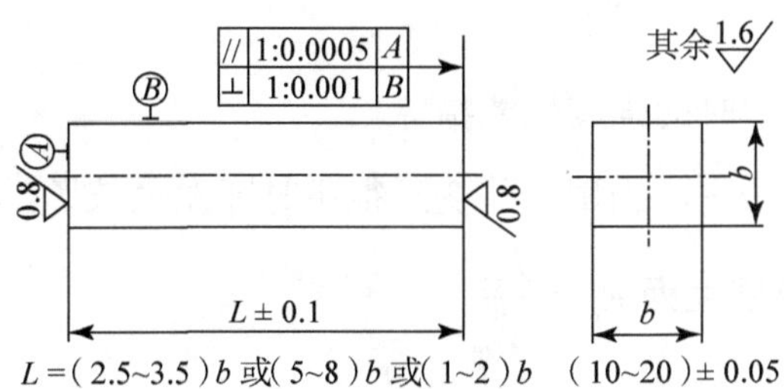

（b）正方形柱体试样

图 1-12　压缩试样

其中：

R_{mc}：脆性材料的抗压强度，或者塑性材料的规定应变条件下的压缩应力。

R_{tc}：规定总压缩强度，试样标距段的总压缩变形 (弹性变形加塑性变形) 达到规定的原始标距百分比时的压缩应力，表示此压缩强度符号应附以下脚标说明，例如 $R_{tc1.5}$ 表示规定总压缩应变为 1.5% 时的压缩应力。

R_{eHc}：上压缩屈服强度，试样发生屈服而应力首次下降前的最高压缩应力。

R_{eLc}：下压缩屈服强度，屈服期间不计初始瞬时效应时的最低压缩应力。

E_c：压缩弹性模量，实验过程中，应力与应变呈线性关系时的压缩力与应变的比值。

R_{pc}：规定非比例压缩强度，试样标距段的非比例压缩变形达到规定的原始标距百分比时的压缩应力，表示此压缩强度的符号应以下脚标说明，$R_{pc0.01}$ 和 $R_{pc0.2}$ 分别表示规定非比例压缩变形为 0.01%、0.2% 的压缩应力。

四、实验原理与方法

1. 测定低碳钢压缩时的强度性能指标

低碳钢在压缩过程中，当应力小于屈服应力时，其变形情况与拉伸时基本相同。当达到屈服应力后，试样产生塑性变形，随着压力的继续增加，试样的横截面面积不断变大直至被压扁，只能测其上屈服载荷 F_{eHc}、下屈服载荷 F_{eLc}。

故上屈服强度为 $R_{eHc}=\dfrac{F_{eHc}}{S_o}$，下屈服强度为 $R_{eLc}=\dfrac{F_{eLc}}{S_o}$；式中：$S_o$ 为试样的原始横截面面积。

2. 测定灰铸铁压缩时的强度性能指标

灰铸铁在压缩过程中，当试样的变形很小时即发生破坏，故只能测其破坏时的最大载荷 F_m，抗压强度为 $R_{mc}=\dfrac{F_{mc}}{S_o}$。

五、实验步骤

1. 检查试样两端面的光洁度和平行度，并涂上润滑油。用游标卡尺在试样的中间截面相互垂直的方向上各测量一次直径，取其平均值作为计算直径。

2. 估算试样的最大载荷，选择相应的测力盘，配置好相应的摆锤。调整测力指针，使之对准“0”，将从动指针与之靠拢，同时调整好自动绘图装置。

3. 检查球形承垫与承垫是否符合要求。

4. 将试样放进万能试验机的上、下承垫之间，并检查对中情况。

5. 开动万能试验机，均匀缓慢加载，注意读取低碳钢的屈服载荷 F_s 和灰铸铁的最大载荷 F_b，并注意观察试样的变形现象。

六、实验数据的记录与计算

表 1-4 测定低碳钢和灰铸铁压缩时的强度性能指标实验的数据记录与计算

材料	试样直径 d/m	实验数据	实验后的试样草图	试样的压缩图
低碳钢		上屈服载荷 $F_{eHc}=$ kN 下屈服载荷 $F_{eLc}=$ kN 上屈服强度 $R_{eHc}=\frac{F_{eHc}}{S_o}=$ MPa 下屈服强度 $R_{eLc}=\frac{F_{eLc}}{S_o}=$ MPa		
灰铸铁		最大载荷 $F_{eH}=$ kN 抗压强度 $R_{mc}=\frac{F_{mc}}{S_o}=$ MPa		

七、思考题

1. 比较低碳钢和灰铸铁在拉伸与压缩时所测得的 R_{eHc}、R_{eLc} 和 R_m 的数值有何差别。

2. 仔细观察灰铸铁的破坏形式并分析破坏原因。

实验三 材料的扭转实验

一、实验目的

1. 测定低碳钢扭转时的强度性能指标：扭转屈服应力 τ_s 和抗扭强度 τ_b。

2. 测定灰铸铁扭转时的强度性能指标：抗扭强度 τ_b。

3. 绘制低碳钢和灰铸铁的扭转图，比较低碳钢和灰铸铁的扭转破坏形式。

二、实验设备和仪器

1. 扭转试验机。

2. 游标卡尺。

三、实验试样

按照国家标准 GB/T10128—2007《金属材料 室温扭转试验方法》，金属扭转试样的形状随着产品的品种、规格以及实验目的的不同而分为圆形截面试样和管形截面试样两种。其中最常用的是圆形截面试样，如图 1-13 所示。通常，圆形截面试样的直径 $d = 10$mm，标距 $l = 5d$ 或 $l = 10d$，平行部分的长度为 l+20mm。若采用其他直径的试样，其平行部分的长度应为标距加上两倍直径。试样头部的形状和尺寸应适合扭转试验机的夹头夹持。

由于扭转实验时，试样表面的切应力最大，试样表面的缺陷将敏感地影响实验结果，所以，对扭转试样的表面粗糙度的要求要比拉伸试样的高。对扭转试样的加工技术要求参见国家标准 GB/T10128—2007《金属材料　室温扭转试验方法》。

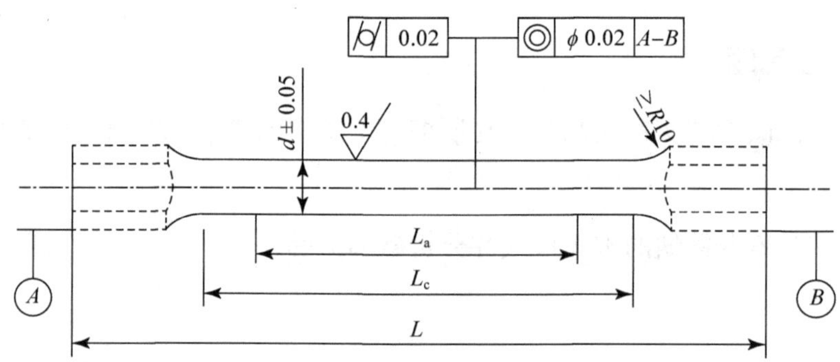

图 1-13 圆形截面试样

四、实验原理与方法

1. 测定低碳钢扭转时的强度性能指标

试样在外力偶矩的作用下，其上任意一点处于纯剪切应力状态。随着外力偶矩的增加，当达到某一值时，测矩盘上的指针会出现停顿，这时指针所指示的外力偶矩的数值即为屈服力偶矩 M_{es}，低碳钢的扭转屈服应力为

$$\tau_s = \frac{3}{4}\frac{M_{es}}{W_p}$$

式中：$W_p = \pi d^3/16$ 为试样在标距内的抗扭截面系数。

在测出屈服扭矩 T_s 后，改用电动快速加载，直到试样被扭断为止。这时测

矩盘上的从动指针所指示的外力偶矩数值即为最大力偶矩 M_{eb}，低碳钢的抗扭强度为

$$\tau_b=\frac{3}{4}\frac{M_{eb}}{W_p}$$

对上述两公式的来源说明如下：

低碳钢试样在扭转变形过程中，利用扭转试验机上的自动绘图装置绘出的 M_e—φ 图如图 1-14 所示。当达到图中 A 点时，M_e 与 φ 成正比的关系开始破坏，这时，试样表面处的切应力达到了材料的扭转屈服应力 τ_s，如能测得此时相应的外力偶矩 M_{ep}，如图 1-15（a）所示，则扭转屈服应力为

$$\tau_s=\frac{3}{4}\frac{M_{ep}}{W_p}$$

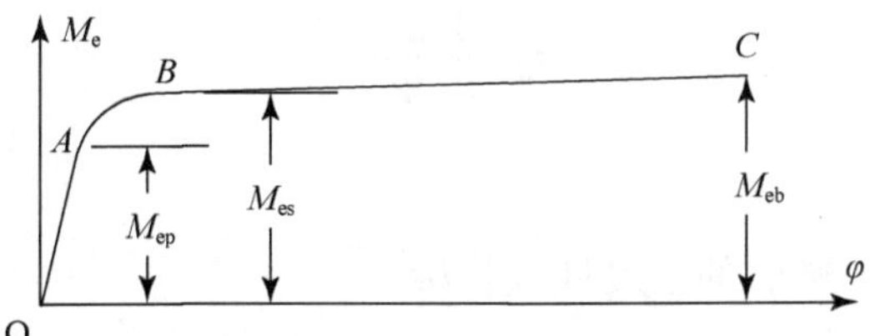

图 1-14　低碳钢的扭转图

经过 A 点后，横截面上出现了一个环状的塑性区，如图 1-15（b）所示。若材料的塑性很好，且当塑性区扩展到接近中心时，横截面周边上各点的切应力仍未超过扭转屈服应力，此时的切应力分布可简化成图 1-15（c）所示的情况，对应的扭矩 T_s 为

$$T_s=\int_0^{d/2}\tau_s\rho 2\pi\rho \mathrm{d}\rho=2\pi\tau_s\int_0^{d/2}\rho^2\mathrm{d}\rho=\frac{\pi d^3}{12}\tau_s=\frac{4}{3}W_p\tau_s$$

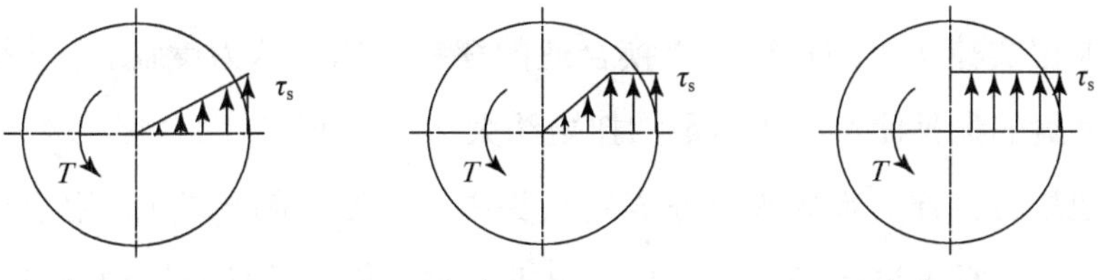

（a）$T=T_p$　　（b）$T_p<T<T_s$　　（c）$T=T_s$

图 1-15　低碳钢圆柱形试样扭转时横截面上的切应力分布

由于 $T_s=M_{es}$，因此，由上式可以得到

$$\tau_s=\frac{3}{4}\frac{M_s}{W_p}$$

无论从测矩盘上指针前进的情况，还是从自动绘图装置所绘出的曲线来看，A 点的位置不易精确判定，而 B 点的位置则较为明显。因此，一般根据由 B 点测定的 M_{es} 来求扭转切应力 τ_s。当然这种计算方法也有缺陷，只有当实际的应力分布与图 1-15（c）完全符合时才是正确的，对塑性较小的材料差异是比较大的。从图 1-14 中可以看出，当外力偶矩超过 M_{es} 后，扭转角 φ 增加很快，而外力偶矩 M_e 增加很小，BC 近似于一条直线。因此，可认为横截面上的切应力分布如图 1-15（c）所示，只是切应力值比 τ_s 大。根据测定的试样在断裂时的外力偶矩 M_{eb}，可求得抗扭强度为

$$\tau_b=\frac{3}{4}\frac{M_{eb}}{W_p}$$

2. 测定灰铸铁扭转时的强度性能指标

对于灰铸铁试样，只需测出其承受的最大外力偶矩 M_{eb}，抗扭强度为

$$\tau_b=\frac{M_{eb}}{W_p}$$

由上述扭转破坏的试样可以看出：低碳钢试样的断口与轴线垂直，表明破坏是由切应力引起的；而灰铸铁试样的断口则沿螺旋线方向与轴线约成 45°角，表明破坏是由拉应力引起的。

3. 扭转试验机操作规程

- 根据实验所需的扭矩，更换合适的摆锤，确定示力度盘。(一般使示力度盘的量程比实验所需最大扭矩约大 20%。)
- 把扭转试样一端先夹紧在固定夹头中（有摆锤的一端）。用手移动主动夹头，靠近试样另一端，打开电机开关，使主动夹头转动，待试样头部刚好与主动夹头匹配时，关掉电源，移动主动夹头套入试样并夹紧。

- 安装夹紧试样时，因两端夹具的微小错位很容易使刻度盘指针偏离零位，这时用手轮转动主动夹头，使刻度盘指针指零。
- 在记录 T － Φ 曲线的滚筒上卷上记录纸，装上记录笔，拨动滚筒调整起始记录位置。
- 实验完毕立即按下停止开关。破坏性实验可立即切断电源，取下试样；非破坏性实验经反向卸载后取下试样。

五、实验步骤

1. 测定低碳钢扭转时的强度性能指标

- 测量试样尺寸在标距的两端和中间三个位置上，沿互相垂直的方向，测量试样的直径，以计算试样的平均直径。
- 安装试样，在试验机上正确安装试样，做好实验准备。
- 加载，均匀缓慢加载，在加载过程中注意屈服现象和屈服点的观察。若指针停止转动，则表明整个材料发生屈服，记录下此时的外力偶矩 M_{es}。
- 改用电动快速加载，直至试样被扭断为止，关闭扭转试验机，由从动指针读取最大外力偶矩 M_{eb}。

2. 测定灰铸铁扭转时的强度性能指标

- 测量试样的直径（方法与拉伸实验相同）。
- 将试样安装到扭转试验机上，选择合适的测矩盘和相应的摆锤，调整好测矩盘的指针，使之对准“0”，并将从动指针与之靠拢，同时调整好自动绘图装置。
- 均匀缓慢加载，直至试样被扭断为止，关闭扭转试验机，由从动指针读取最大外力偶矩 M_{eb}。

六、实验数据记录与计算

测定低碳钢和灰铸铁扭转时的强度性能指标。

表 1-5 测定低碳钢和灰铸铁扭转时的强度性能指标实验的数据记录与计算

材料	低 碳 钢			灰 铸 铁		
试样尺寸	直径	d=	m	直径	d=	m
实验后的试样草图						
实验数据	屈服扭矩	T_s=	N•m			
	最大扭矩	T_b=	N•m	最大扭矩	T_b=	N•m
	扭转屈服应力	$\tau_s=0.75T_s/W_p$=	MPa			
	抗扭强度	$\tau_b=T_b/W_p$=	MPa	抗扭强度	$\tau_b=T_b/W_p$=	MPa

七、思考题

1. 比较低碳钢与灰铸铁试样的扭转破坏断口，并分析它们的破坏原因。

2. 根据拉伸、压缩和扭转三种实验结果，比较低碳钢与灰铸铁的力学性能及破坏形式，并分析原因。

实验四 梁的弯曲应变实验

电测法是实验应力分析中应用最广泛和最有效的方法之一，广泛应用于机械、土木、水利、材料、航空航天等工程技术领域，是验证理论、检验工程质量和科学研究的有力手段。

一、实验目的

1. 熟悉电测法的基本原理和静态电阻应变仪的使用方法。

2. 测量矩形截面梁在纯弯曲和横力弯曲时横截面上正应力的分布。

3. 比较正应力的实验测量值与理论计算值的差别。

二、实验设备和仪器

1. 材料力学综合实验台。

2. 静态电阻应变仪。

三、实验原理及方法

实验装置如图 1-16 所示，矩形截面梁采用低碳钢制成。在梁发生纯弯曲和横力弯曲变形段的侧面上，分别沿与轴线平行的不同高度的线段上各粘贴五个应变片作为工作片，另外在与梁同材料钢片上粘贴两个应变片作为温度补偿片。

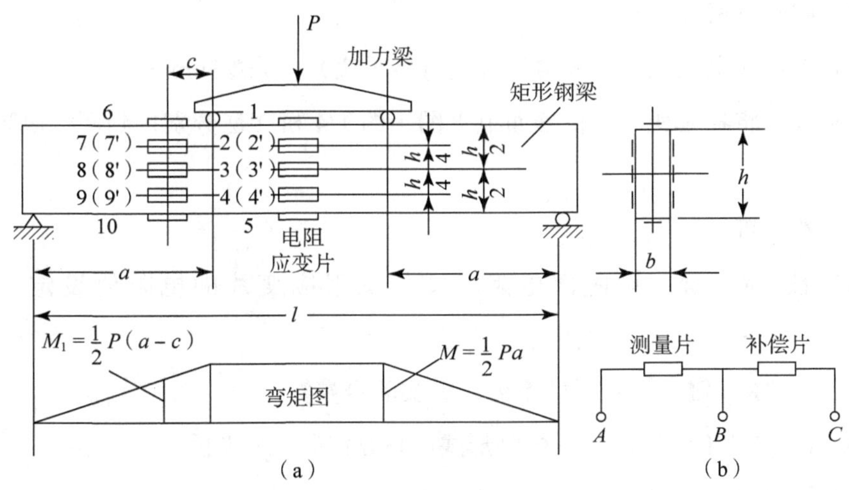

图 1-16　梁的弯曲应变实验装置

将工作片和温度补偿片的引线以半桥形式分别接入电阻应变仪面板上的通道中，组成 1/4 电桥（其中工作片的引线接在每个电桥的 A 端和 B 端，温度补偿片接在面板专用补偿端口上）。当梁在载荷作用下发生弯曲变形时，工作片的电阻值将随着梁的变形而发生变化，通过电阻应变仪可以分别测量出各对应位置的应变值 $\varepsilon_{实}$。根据胡克定律，可计算出相应的应力值

$$\sigma_{实}=E\varepsilon_{实}$$

式中，E 为梁材料的弹性模量。

梁在弯曲变形时，横截面上的正应力理论计算公式为

$$\sigma_{理}=\frac{M \cdot y}{I_Z}$$

式中，$I_Z=bh^3/12$ 为梁的横截面对中性轴的惯性矩；y 为中性轴到欲求应力点的距离。

$M=P \cdot a/2$ 为横截面上纯弯曲的弯矩；横力弯曲时，$M=P \cdot (a-c)/2$。

四、实验步骤与仪器使用

实验中每个实验台配两台电阻应变仪和一块温度补偿片，分别接纯弯曲和横力弯曲，同时测试。

1. 开电源（电阻应变仪和实验台载荷显示仪），预热 30min。

2. 接线。将各应变片按仪器面板上图示的 1/4 桥接法分别接到两台电阻应变仪上。

3. 参数设置

（1）按“R”键：设内部电阻，按测试用应变片的电阻值设定（一般 R=120）。

（2）按“K”键：设置灵敏系数，看实验台参数。

（3）按“BRID”键：设置桥路形式，1-1/4 桥，2- 半桥，4- 全桥。

（4）按“回车”键：待命。

4. 各点平衡。按下数字键选择相应测点，再按“BAL”键对该点自动平衡。（第一点平衡后，其余各点只需按相应数字键，即可自动平衡。）仪器会显示相应点的初始不平衡量，并贮存于仪器内。平衡后，各点的显示值基本为 0，否则检查接线，重新平衡。

5. 数据测量。摇动实验台手轮加载，采用等量逐级加载（取 ΔF=1kN，P_{max}=5kN），每增加一级载荷，分别记录各点的应变值。

第一次加载完毕，按数字键选测点，再按“MEAS”键，即显示该点的应变量。（加载后第一点要按“MEAS”键，之后所有测点只需按相应数字键即可读取应变值。）

6. 实验完毕。关电源，缓慢卸载，拆除连线，整理仪器，结束实验。

五、注意事项

1. 加载时要缓慢，防止冲击。

2. 读取应变值时，应注意保持载荷稳定。

3. 各引线的接线柱必须拧紧，测量过程中不要触动引线，以免引起测量误差。

六、实验数据的记录与计算

表 1-6　矩形截面梁纯弯曲实验的数据记录与计算

<table>
<tr><td colspan="12">材料常数：E=GPa
梁的尺寸：a=　mm，b=　mm，c=　mm，l=　mm，h=　mm，k=　I_Z=　mm^4</td></tr>
<tr><td colspan="2">测点应变 /με
载荷 /kN</td><td colspan="2">1 点</td><td colspan="2">2(2') 点</td><td colspan="2">3(3') 点</td><td colspan="2">4(4') 点</td><td colspan="2">5 点</td></tr>
<tr><td>读数</td><td>增量</td><td>读数</td><td>增量</td><td>读数</td><td>增量</td><td>读数</td><td>增量</td><td>读数</td><td>增量</td><td>读数</td><td>增量</td></tr>
<tr><td></td><td></td><td></td><td></td><td></td><td></td><td></td><td></td><td></td><td></td><td></td><td></td></tr>
<tr><td></td><td></td><td></td><td></td><td></td><td></td><td></td><td></td><td></td><td></td><td></td><td></td></tr>
<tr><td></td><td></td><td></td><td></td><td></td><td></td><td></td><td></td><td></td><td></td><td></td><td></td></tr>
<tr><td></td><td></td><td></td><td></td><td></td><td></td><td></td><td></td><td></td><td></td><td></td><td></td></tr>
<tr><td></td><td></td><td></td><td></td><td></td><td></td><td></td><td></td><td></td><td></td><td></td><td></td></tr>
<tr><td colspan="2">$\overline{\Delta F}$ =　kN</td><td colspan="2">$\overline{\Delta\varepsilon_1}$ =</td><td colspan="2">$\overline{\Delta\varepsilon_2}$ =</td><td colspan="2">$\overline{\Delta\varepsilon_3}$ =</td><td colspan="2">$\overline{\Delta\varepsilon_4}$ =</td><td colspan="2">$\overline{\Delta\varepsilon_5}$ =</td></tr>
<tr><td colspan="2">$\sigma_{实}=E\,\overline{\Delta\varepsilon}$ (MPa)</td><td colspan="2"></td><td colspan="2"></td><td colspan="2"></td><td colspan="2"></td><td colspan="2"></td></tr>
<tr><td colspan="2">$\sigma_{理}=\dfrac{\overline{M}\cdot y}{I_Z}$(MPa)</td><td colspan="2"></td><td colspan="2"></td><td colspan="2"></td><td colspan="2"></td><td colspan="2"></td></tr>
<tr><td colspan="2">误差 /%</td><td colspan="2"></td><td colspan="2"></td><td colspan="2"></td><td colspan="2"></td><td colspan="2"></td></tr>
</table>

表 1-7 矩形截面梁横力弯曲实验的数据记录与计算

材料常数：E=GPa

梁的尺寸：a= mm，b= mm，c= mm，l= mm，h= mm，k= I_z= mm^4

测点应变 /με 载荷 /kN		6 点		7(7') 点		8(8') 点		9(9') 点		10 点	
读数	增量	读数	增量	读数	增量	读数	增量	读数	增量	读数	增量
$\overline{\Delta F}$ = kN		$\overline{\Delta\varepsilon_6}$ =		$\overline{\Delta\varepsilon_7}$ =		$\overline{\Delta\varepsilon_8}$ =		$\overline{\Delta\varepsilon_9}$ =		$\overline{\Delta\varepsilon_{10}}$ =	
$\sigma_{实}=E\overline{\Delta\varepsilon}$ (MPa)											
$\sigma_{理}=\frac{\overline{M}\cdot y}{I_z}$(MPa)											
误差 /%											

七、思考题

在实验中，如果发现梁的两边的应变测量结果相差较大，试初步分析其产生的原因，以及如何消除。

实验五 机构结构分析及机构运动简图绘制实验

一、实验目的

1. 根据各种机械实物或模型，绘制机构运动简图，掌握绘制机器机构运动简图的方法和技能，了解运动副及构件的实际结构。

2. 应用机构自由度分析和计算方法分析平面机构运动的确定性。进一步理解机构自由度的概念，掌握机构自由度的计算方法。

3. 加深对机构组成原理、机构结构分析的理解。

二、设备和工具

1. 各类典型机构的实物模型。

2. 三角板、铅笔、橡皮。

三、原理和方法步骤

1. 机构运动简图是表征机器和机构传动原理及运动特征的简单图形。由于机构的运动特性与机构的构件数目、构件与构件组成的运动副数目、运动副的类型和同一构件上各运动副的相对位置有关，因此对机构进行分析时可以不考虑构件的复杂外形和运动副的具体构造，用表 1-8、表 1-9 所示的符号来代表相应的构件和运动副，绘制出能表明机构传动原理和运动特性的简单图形——机构运动简图。

2. 测绘机构运动简图的方法及步骤：

（1）了解机器的用途及工作要求；找出原动件，最终执行构件及工作传动部分。使被测机械缓慢运动，从原动件开始仔细观察机构运动的传递路径，了解其工作原理，从而确定组成机构的构件数目。

（2）根据相连接的两构件间的接触情况及相对运动的性质，确定各个运动副的类型。

（3）选择最能描述各构件相对运动关系的运动平面作为投影面，让机械停在便于绘制简图的位置。从原动件开始，用规定符号及构件的连接次序（一个运动构件至少与两个构件用运动副相连接）逐步画出机构示意图，然后用数字（1、2、3…）分别标注各构件（注意要标注原动件），用英文字母 A、B、C…分别标注各运动副。

（4）按公式 $F=3n-2P_L-P_H$ 计算机构自由度，注意局部自由度、复合铰链和虚约束。

式中：n 为活动构件数目；P_L、P_H 分别为低副和高副的数量。计算出机构的自由度后，将机构运动示意图与实际机构对照，观察是否相符。否则应重新绘制机构运动示意图或重新进行计算。

表 1-8 常用运动副及代表符号

名称	运动副元素	图形	简图符号	接触形式	级别	自由度	引入约束	可传递的力
球面高副	球面—平面	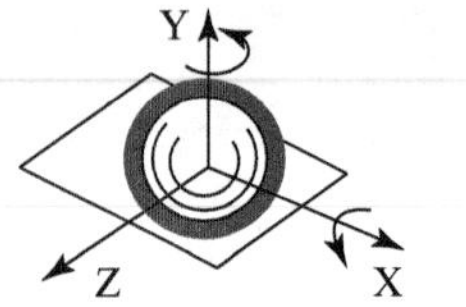 Y Z X	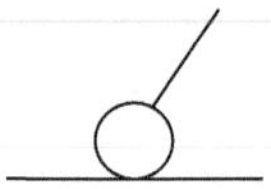	点	空间Ⅰ级	5	移动 Sy	力 Py
球面低副	球面—球面	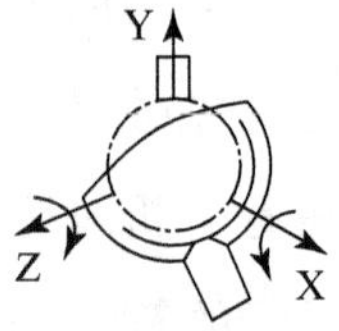 Y Z X		面	空间Ⅲ级	3	移动 Sx、Sy、Sz	力 Px、Py、Pz
圆柱低副	圆柱面—圆柱面	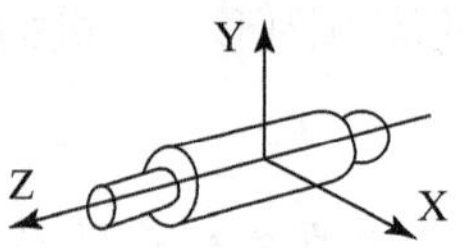 Y Z X	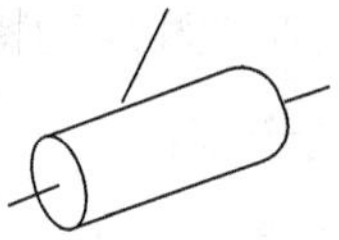	面	空间Ⅳ级	2	移动 Sx、Sy 转动 θx、θy	力 Px、Py 力矩 Mx、My
曲面高副	曲面—曲面	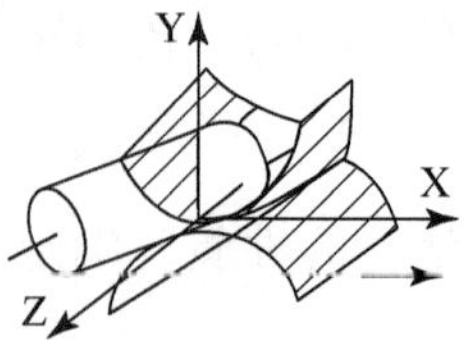 Y X Z		线	空间Ⅴ级	2	移动 Sy、Sz 转动 θx、θy	力 Py、Pz 力矩 Mx、My
移动副	平面—平面	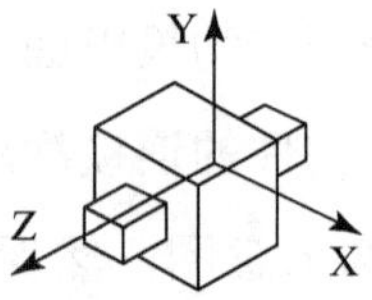 Y Z X	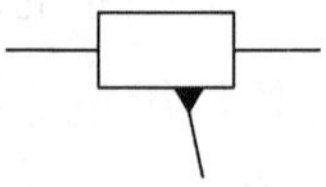	面	空间Ⅴ级	1	移动 Sx、Sy 转动 θx、θy、θz	力 Px、Py 力矩 Mx、My、Mz
转动副	圆柱面—圆柱面	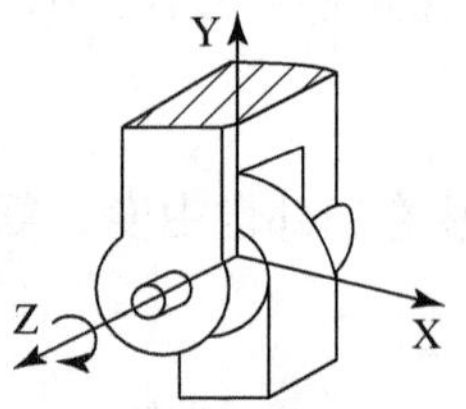 Y Z X	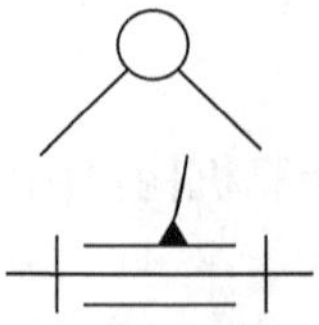	面	空间Ⅴ级	1	移动 Sx、Sy、Sz 转动 θx、θy	力 Px、Py、Pz 力矩 Mx、My

续表

名称	运动副元素	图形	简图符号	接触形式	级别	自由度	引入约束	可传递的力
螺旋副	螺旋面—螺旋面	Y Z X		面	空间V级	1	移动 Sx、Sy 转动 θx、θy、θz	力 Px、Py 力矩 Mx、My、Mz

表 1-9　机构运动简图中的常用符号

活动构件		球面副	
固定构件		螺旋副	
回转副		零件与轴连接	
移动副		凸轮与从动件	

（5）测量并标注各运动副间尺寸及滑道定位尺寸（如果只要求画机构示意图可不进行测量，但应凭目测使简图与实物大致成比例）。按比例尺绘制机构运动简图。

四、思考题

1. 机械运动简图有什么用途？一个正确的“机构运动简图”应包含哪些内容？

2. 绘制机构运动简图时，原动构件的位置为什么可以任意选定？会不会影响运动简图的正确性？

3. 计算机构自由度对机构分析和设计有何意义？

实验六　齿轮范成原理实验

一、实验目的

1. 巩固和掌握用范成法切制渐开线齿轮的基本原理，观察齿廓的渐开线部分及过渡曲线部分的形成过程。

2. 了解渐开线齿轮产生根切现象的原因和避免根切的方法，分析、比较标准齿轮和变位齿轮的异同点。

3. 掌握齿轮基本几何尺寸的计算，并进一步了解基本参数 m、z、α、x 在齿轮设计和加工中的意义和作用。

二、实验设备

1. 齿轮范成仪（见图 1-17）

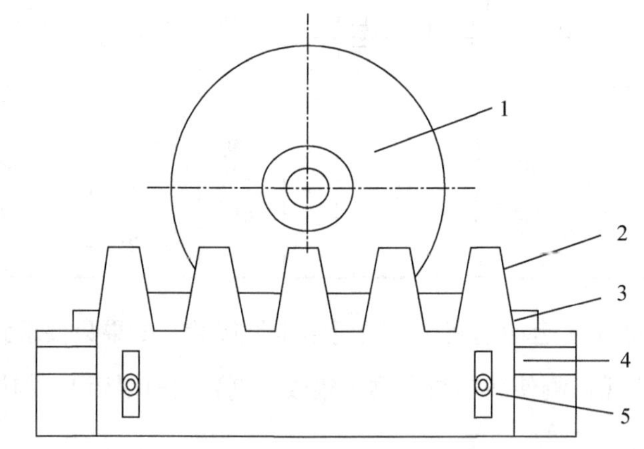

1— 轮坯圆盘；2— 刀具齿条；3— 滑板；4— 机架；5— 锁紧螺母。

图 1-17　齿轮范成仪构造简图

齿条刀具如图 1-18 所示。

范成仪刀具的参数为：

m=20mm，a=20°，h_a^*=1，C^*=0.25。

被切齿轮的主要参数：

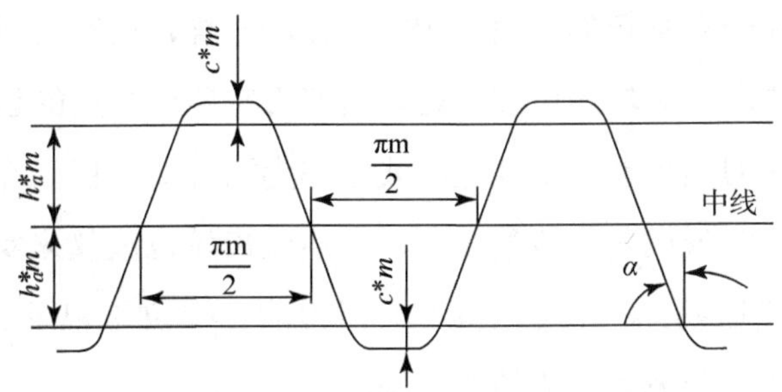

图 1-18 标准齿条刀具

m=20mm，a=20°，Z=8，h_a^*=1，C^*=0.25，变位系数：±0.25。

标准齿轮：d=160mm，da=200mm；正变位齿轮：da=210mm；负变位齿轮：da=190mm。

2. 代替被加工齿轮坯件的图纸一张：中心孔 D=35mm。

3. 自备工具

(1) 铅笔（圆珠笔、签字笔）；

(2) 圆规、三角板及橡皮擦。

三、齿轮范成仪构造原理

齿轮范成仪构造简图如图 1-17 所示，圆盘 1 表示被加工齿轮的毛坯，安装在机架 4 上，并可绕机架上的固定轴 O 转动。代表切齿刀具的刀具齿条 2 安装在滑板 3 上，当移动滑板时，轮坯圆盘 1 上安装的与被加工齿轮具有同等大小分度圆的齿轮与固接在滑板上的齿条啮合，并保证被加工齿轮的分度圆与滑板 3 上的齿条分度线作纯滚动，从而实现范成运动。松开螺母 5 即可调整齿条刀具相对于轮坯中心的距离。因此，齿条刀具 2 可以安装在相对于圆盘 1 的各个位置上，如调整齿条刀具时，将齿条刀具分度圆与圆盘 1 的分度圆相切，则可以绘制出标准齿轮的齿廓。当齿条刀具 2 的中线与圆盘 1 的分度圆有距离时 (其移距值 xm 可以在滑板 3 的刻度尺上直接读出来)，则可按移距的大小和方向绘出各种正移距或负移距变位齿轮。

范成法是利用一对齿轮互相啮合时，共轭齿廓互为包络线的原理来加工的，加工时其中一轮为刀具，另一轮为轮坯，由机床的传动链迫使它们保持固定的角速比旋转，完全和一对真正的齿轮互相啮合传动一样，同时刀具还沿轮坯的轴向做切削运动，这样所得齿轮的齿廓就是刀具刀刃在各个位置的包络线。

用渐开线作为刀具齿廓，则其包络线必亦为渐开线，由于在实际加工时，看不到刀刃在各个位置形成包络线的过程，故通过齿轮范成仪来实现刀具与轮坯间的传动过程（范成运动）。并用笔将刀具刀刃的各个位置记录在纸上（轮坯），这样就能清楚地观察到齿轮范成的全过程。

四、实验步骤

1. 根据已知的刀具参数和被加工齿轮分度之直径，计算被加工齿轮的分度圆直径，基圆直径，最小变位系数，标准齿轮的齿顶圆与齿根圆直径，以及变位齿轮的齿顶圆与齿根圆直径，然后根据计算数据及已加工完毕的标准齿轮及变位齿轮进行比较找出它们的异同点。

2. 将“轮坯”安装到仪器的圆盘上，注意必须要对准中心。

3. 调节刀具中线，使其与被加工齿轮分度圆相切。

4. “切削”齿廓时，先将齿条刀具移向一端，但刀具的齿廓退出轮坯中标准齿轮的齿顶圆，然后每当刀具向另一端移动 2 ～ 3mm 距离时，用笔将刀刃在轮坯上的位置如实地记录下来，每移动一次距离时，就记录一下，直到形成完整的齿形为止，同时应注意轮坯上齿廓形成的过程。此时切割出的齿轮为标准齿轮。

5. 重新调整刀具，使刀具中心远离轮坯中心，移动距离为避免根切的最小变量，再“切制”齿廓，此时也就是刀具齿顶线与变位齿轮的根圆相切，按上述操作过程，可以“切制”出完整的正变位齿轮的齿廓曲线。

6. 观察根切现象。用范成法加工齿轮时，若刀具的齿顶线或齿顶圆与啮合线的交点超过被切齿轮的极限点，则刀具的齿顶会将被切齿轮之齿根的渐开线齿廓切去一部分。被切制的齿轮根部被切去一部分后，破坏了渐开线齿廓，此现象叫根切，产生了严重根切的齿轮，一方面削弱了轮齿的抗弯弹疲，另一方面齿轮传动的重叠系数有所降低，这对传动十分不利，应避免根切现象的产生。

7. 加工负变位齿廓曲线。

五、思考题

1. 移距的目的是什么？刀具相对轮坯作正移距或作负移距，相对于标准齿轮而言，轮齿的形状有何不同？

2. 通过实验，你所观察到的根切现象发生在基圆内还是基圆之外？分析产生根切的原因。

3. 用范成法加工渐开线齿轮时，可以用同一把刀具加工同一模数和分度圆压力角不同齿数的齿轮，为什么？

实验七　机械拆装及结构分析实验

一、实验目的

1. 了解减速器的用途和结构。

2. 掌握减速器主要零部件拆装方法、调整方法和拆装步骤。

3. 测量减速器零部件的主要参数尺寸。

二、实验设备

二级展开式圆柱齿轮减速器结构如图 1-19 所示。

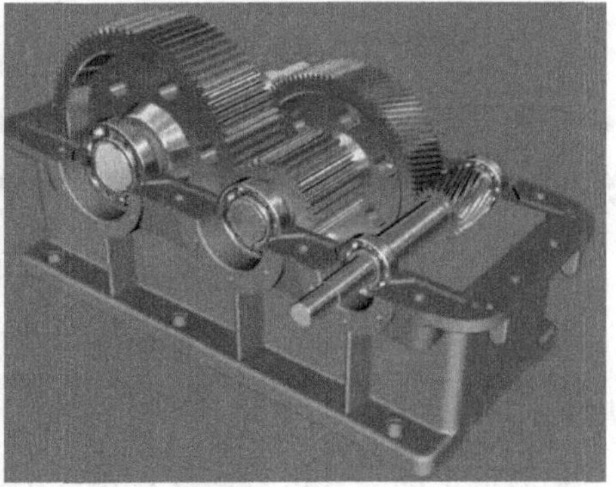

图 1-19　二级展开式圆柱齿轮减速器

三、实验步骤

1. 拆开箱盖（用套筒扳手、活动扳手、起盖螺钉）。

2. 测量减速器零部件的主要参考尺寸。

3. 卸下第 III 轴上的一个齿轮和一个轴承零件，然后分析各零件之间的关系，它们各自的形状、结构和作用。

4. 擦净拆下的各零件，依次装回。

5. 装好箱盖，实验结束，整理工具。

四、拆装要求与注意事项

1. 拆开箱盖前应仔细观察拆装对象，详细了解减速器的用途和结构。

2. 用套筒扳手、活动扳手、起盖螺钉等工具将减速器上盖、下座间的连接螺栓，轴承端盖与箱体间的连接螺钉拆下，将箱体间的定位销冲掉，再用起盖螺钉将箱体的箱盖和箱座顶开。

3. 箱盖拆下后要平稳地放在实验台上。

4. 在拆卸轴系部件时应在零件间做上记号，以保证轴系部件装配的正确性。

5. 在卸下和装配齿轮与轴承时要注意安全（搬运和拆卸齿轮与轴承时应仔细小心，防止坠物伤人）。

6. 测量减速器上的尺寸及参数，要正确使用拆卸工具和量具。

五、机械装置在拆装过程中的工作步骤

1. 对于结构复杂的机械或部件，在进行拆装前应详细阅读相关技术资料和图样。如果没有技术资料和图纸，在拆卸时一定要给出复杂部件的装配简图（或者爆炸图），同时可用照相和摄像设备对拆卸过程进行跟踪。

2. 拆装方法要正确。拆装工具使用前要仔细检查（吊具、手锤等）。

3. 拆下的零件应清洗干净，编好序号并摆放整齐。对配合面、啮合面要一一对应，做好记号。

4. 对拆下的零件进行测绘，测绘方法要正确；测量器具的精度要满足被测量零件的精度要求。

六、减速器附件及功用

为了保证减速器的正常工作，除对齿轮—轴—轴承组合和箱体的结构设计给予足够的重视外，还应考虑到为减速器润滑油池注油、排油、检查油面高度、加工及拆装检修时箱盖与箱座的精确定位、吊装等辅助零件和部件的合理选择与设计。

1. 检查孔

为检查传动零件的啮合情况，应在箱体的适当位置设置检查孔。图 1-19 中检查孔设在上箱盖顶部直接观察到齿轮啮合部位处。平时，检查孔的盖板用螺钉固定在箱盖上。

2. 通气罩

减速器工作时，箱体内温度升高，气体膨胀，压力增大。为使箱内热胀空气能自由排出，以保持箱内外压力平衡，不致使润滑油沿分箱面或轴伸密封件等其他缝隙渗漏，通常在箱体顶部装设通气罩。

3. 轴承盖

为固定轴系部件的轴向位置并承受轴向载荷，轴承座孔两端用轴承盖封闭。轴承盖有凸缘式和嵌入式两种。图 1-19 所示采用的是凸缘式轴承盖，利用六角螺钉固定在箱体上，外伸轴处的轴承盖是通孔，其中装有密封装置。凸缘式轴承盖的优点是拆装、调整轴承方便。但与嵌入式轴承盖相比，凸缘式轴承盖零件数目较多，尺寸较大，外观不平整。

4. 定位销

为保证每次拆装箱盖时，仍保持轴承座孔制造加工的精度，应在精加工轴承孔前，在箱盖与箱座的连接凸缘上配装定位销。图 1-19 采用的两个定位圆锥安置在箱体纵向两侧，连接凸缘上呈非对称布置，以免错装。

5. 油面指示器

检查减速器内油池油面高度，经常保持油池内有适量的油，一般在箱体便于观察、油面较稳定的部位装设油面指示器。

6. 放油螺塞

换油时，为排放污油和清洗剂，应在箱座底部、油池的最低位处开设放油孔，平时用螺塞将放油孔堵住。放油螺塞和箱体结合面间应加防漏用的垫圈。

7. 起盖螺钉

为加强密封效果，通常装配时于箱体剖面上涂以水玻璃或密封胶，因而在拆卸时往往因胶结紧密难以开盖。为此常在箱盖连接凸缘的适当位置加工出 1 ～ 2 个螺孔，旋入开盖用的圆柱端或平端的起盖螺钉，旋动起盖螺钉便可将上箱盖顶起。小型减速器也可不设起盖螺钉，开盖时用螺钉旋具撬开箱盖。起盖螺钉的大小可同于凸缘连接螺栓。

8. 起吊装置

当减速器质量超过 25kg 时，为了便于搬运，在箱体设置起吊装置，如在箱体上铸出吊耳或吊钩等。

七、思考题

1. 减速器的用途是什么？减速器的附件中的吊环螺钉、起盖螺钉、定位销、窥视孔起何作用？

2. 减速器的齿轮传动和轴承采用什么润滑方式、润滑装置和密封装置？

3. 通过减速器的拆装，扳手空间应为多大？如何考虑？

实验八　创意组合式轴系结构设计实验

一、实验目的

熟悉和掌握轴的结构设计和轴承组合设计的基本要求和设计方法。

二、实验设备

1. 模块化轴段（可组装成不同结构形状的阶梯轴）。

2. 轴上零件：齿轮、螺杆、带轮、联轴器、轴承、轴承座、端盖、套杯、套筒、圆螺母、轴端挡板、止动垫圈、轴用弹性挡圈、孔用弹性挡圈、螺钉、螺母等。

3. 工具：活扳手、游标卡尺、胀钳。

三、设计概要

1. 轴的结构设计

轴的结构应满足以下主要要求：①轴和轴上零件要有确定的轴向工作位置和可靠的轴向、周向固定；②轴应便于加工，轴上零件易于拆装；③轴的受力合理，并尽量减少应力集中；④轴承固定方式应符合给定设计条件，轴承间隙调整方便；⑤锥齿轮轴系的位置应能做轴向调整。

进行轴系结构设计时，一般应已知装置简图，轴上主要零件的相互位置关系，轴所传递的功率和轴的转速，传动零件的主要参数和尺寸等。

轴系结构设计通常按以下方式进行：

（1）拟定轴上零件的装配方案。不同的装配方案可得出不同的轴的结构形式，应拟定几种不同的装配方案，以进行分析、比较、选择。

（2）确定轴的基本直径和各段长度。初定轴的直径时，其支反力作用点未知，不能决定弯矩的大小和分布情况，因而不能按弯矩来确定轴的直径，只能按转矩初步估算轴径的大小，作为轴上仅受转矩段的最小直径 d_{min}，也可凭经验或参考同类机型确定。确定 d_{min} 后，按拟定的装配方案，从 d_{min} 处逐一确定各段长度及直径。各段长度取决于零件与轴配合部分的轴向尺寸，并考虑安装零件的位移和保留适当的调整间隙等。

（3）轴上各零件的轴向定位和固定。轴上各零件以轴肩、轴套、轴承端盖和轴端挡圈等进行轴向定位。

轴肩定位是最为方便可靠的办法。但采用轴肩使轴径加大，且因断面突变而引起应力集中，轴肩过多也不利于加工。故定位轴肩多用在轴向力较大，且不致过多增加轴的阶梯数的情况下采用。

轴套定位既能避免轴径增大，又可减少应力集中源。但轴套过长，又将增加材料及质量，轴套与轴的配合较松，不宜高速旋转。

常用的轴向定位还有：圆螺母、紧定螺母、弹性挡圈以及整体式或剖分式螺钉锁紧挡圈等。

（4）轴上各零件的周向定位。可靠的周向定位保证了转矩传递。常用的周向定位方法有：键、花键、过盈配合和紧定螺钉等。紧定螺钉仅用于传递力不大的场合。

（5）轴的结构工艺性。增大过渡圆角半径可改善轴结构疲劳强度和减少应力集中，但为保证零件的可靠定位，其圆角半径必须小于与之相配的零件圆角半径或倒角尺寸。当零件必须采用很小的圆角半径而又要减小轴肩处的应力集中时，可采用内凹圆角和加装隔离环的结构形式。

轴端应有45°倒角，以便于装配零件；必须磨削加工的轴段或其上有螺纹时，应留有砂轮越程槽或退刀槽；轴上有两个以上键槽时，槽宽应尽可能统一，并置于同一直线上，以利于加工。

2. 轴承组合设计

为保证轴系在机器中有正确的工作位置，能在传递轴向力时不发生轴向窜动，并且在轴受热膨胀后不致将轴承卡死，滚动支撑有下列三种基本结构形式。

（1）两端单向固定。两端单向固定即两个支承分别承受一个方向的轴向力，结构简单；游隙的大小可用调整垫片或调整螺钉调节，调整方便。这种形式适用于工作温度不高的短轴。

（2）一端双向固定，一端游动。当轴较长或工作温度较高时，其热生长量较大，宜采用一支点双向固定，另一支点游动的支承结构。固定端轴承应能承受双向轴向载荷，故内外圈在轴向都要固定，而游动端轴承应保证轴伸缩时能自由游动，以补偿轴的发热伸长。

（3）两端游动。两端游动支承的特点是轴承内圈两端都必须轴向固定，并采用滚动体相对外圈（或内圈）可以轴向游动的轴承。此种方式应用较少。

四、实验内容

从表1-10、表1-11和表1-12轴系结构设计实验方案中选择一种轴系方案号，根据零件的布置、装配顺序及零件的轴向和周向定位以及固定方式设计轴的机构，绘出轴系结构设计装配草图；选用模块化轴段和相应的零件进行装配。

五、实验步骤

1. 从表1-10、表1-11和表1-13轴系结构设计实验方案中选择设计实验方案号。

表 1-10 轴承结构设计实验方案

方案类型	序号	方案号	设计条件					
			轴系布置简图	轴系固定方式	轴承代号跨距 l/mm	传动件		
						齿轮	带轮	联轴器
单级齿轮减速器输入轴	01	1-1	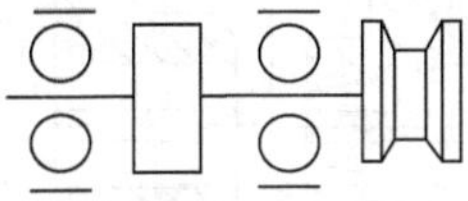	两端固定结构	6206 (95)	A	A	
	02	1-2	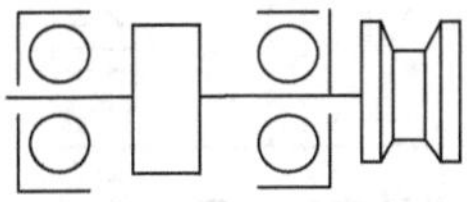	两端固定结构	7206C (95)	A	B	
	03	1-3	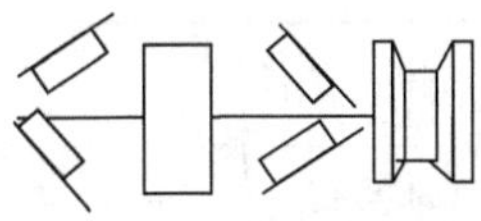	两端固定结构	30206 (95)	B	B	
二级齿轮减速器输入轴	04	2-1	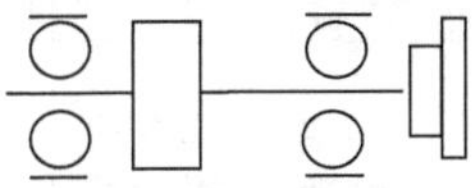	两端固定结构	6206 (145)	B		A
	05	2-2	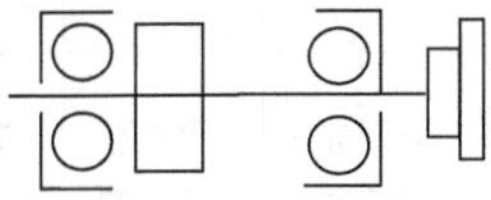	两端固定结构	7206C (145)	B		B
	06	2-3	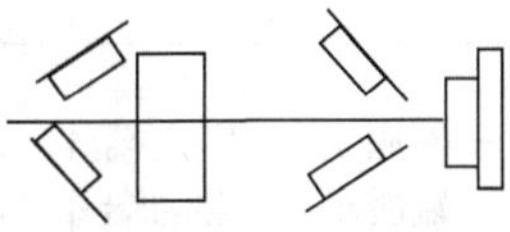	两端固定结构	30206 (145)	B		C
二级齿轮减速器中间轴	07	4-1	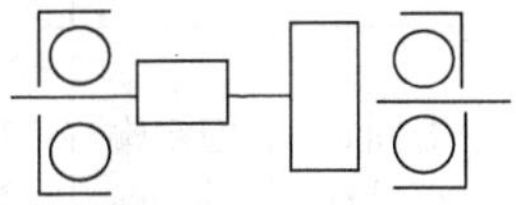	两端固定结构	7206C (135)	BC		C
	08	4-2	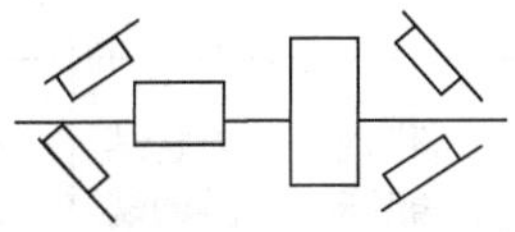	两端固定结构	30206 (135)	BC		

2. 根据实验方案规定的设计条件确定需要哪些轴上零件。

3. 结合表 1-11、表 1-13 所给的结构尺寸绘出轴系结构设计装配草图。

4. 利用模块化轴段组装阶梯轴，该轴应与装配草图中轴的结构尺寸一致或尽可能相近。

表 1-11 传动件结构及相关尺寸

齿轮			带轮		联轴器		
A	B	C	A	B	A	B	C
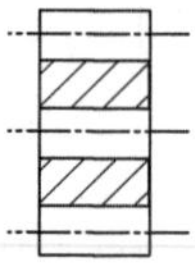	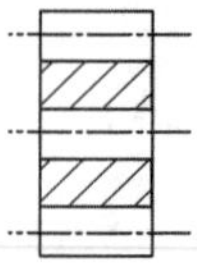	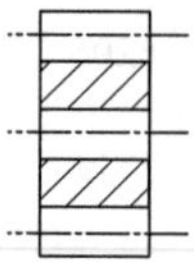	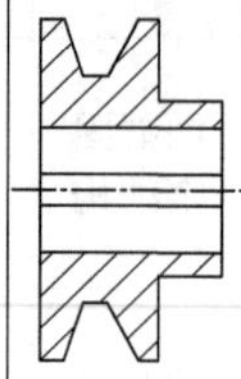	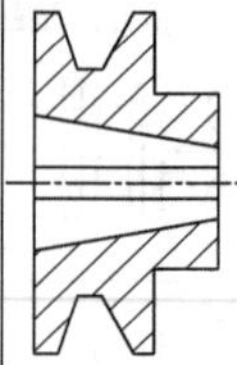	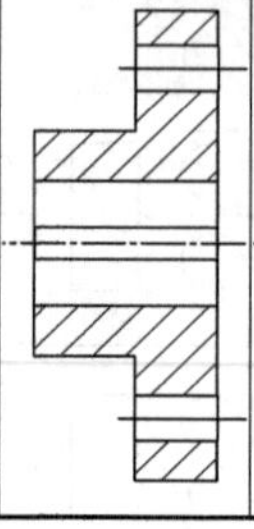	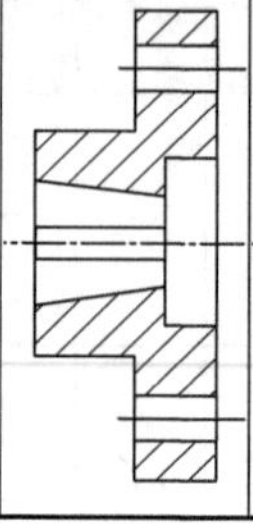	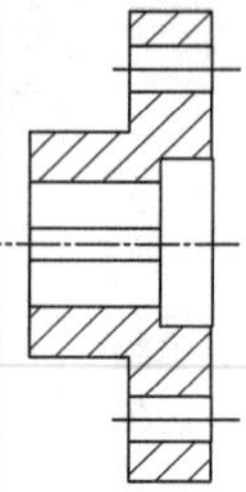

表 1-12 轴系结构设计实验方案

方案类型	序号	方案号	设计条件				
			轴系布置简图	轴系布置方式	轴承代号	*l*/m	传动件
蜗杆减速器输入轴	09	3-1	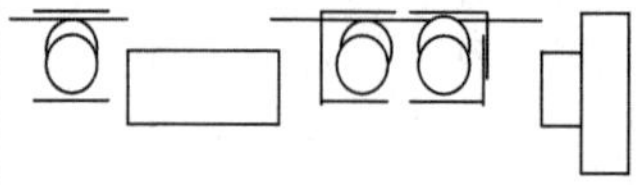	一端固定 一端游动	固定端 游动端	7206C 6306 (168)	联轴器 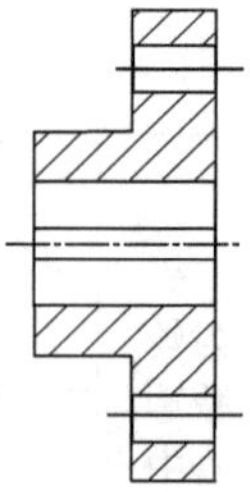
	10	3-2	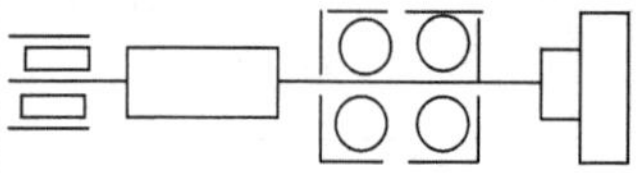	一端固定 一端游动	固定端 游动端	7206C N306	
	11	3-3	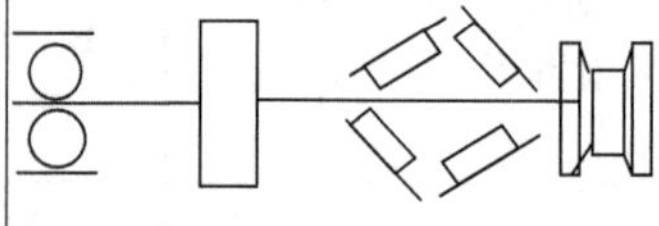	一端固定 一端游动	固定端 游动端	30206 6306	
	12	3-4	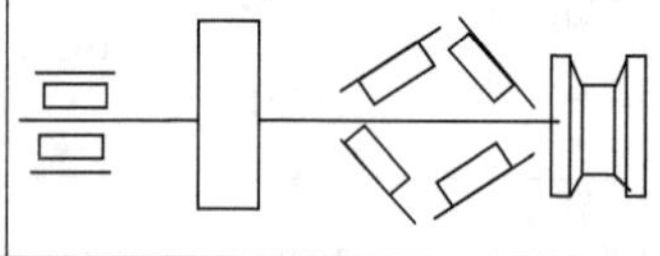	一端固定 一端游动	固定端 游动端	30206 N306	
	13	3-5	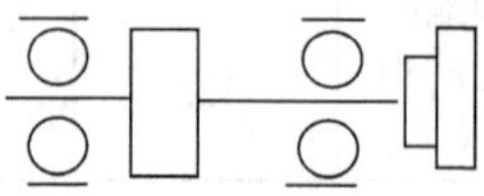	一端固定 一端游动	固定端 游动端	6206 6206	
	14	3-6	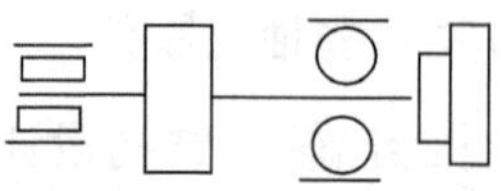	一端固定 一端游动	固定端 游动端	6206 N206	

表 1-13 轴系结构设计实验方案

方案类型	序号	方案号	设计条件					
			轴系布置简图	轴系布置方式	轴承代号	l/m	传动件	
							齿轮	联轴器
锥齿轮减速器输入轴	15	5-1	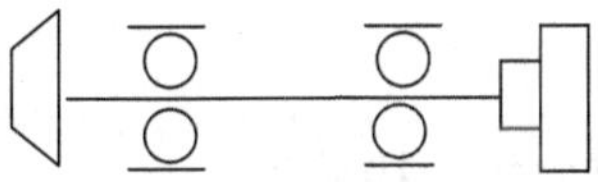	两端固定结构	6205	80	D 锥齿轮	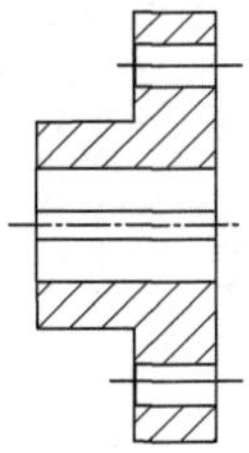
			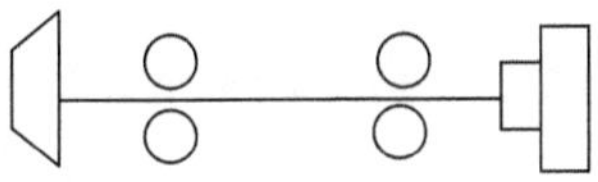	两端固定结构	6205	80	E 锥齿轮轴	
			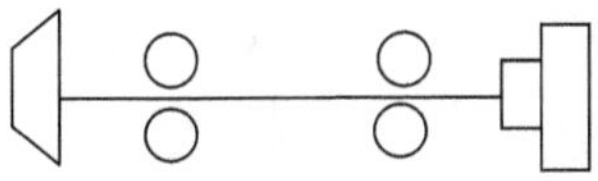	一端固定一端游动	固定端 6205 游动端 6305	80	D 锥齿轮	
			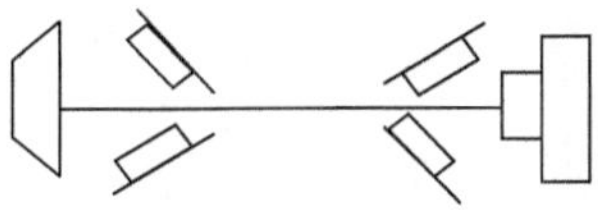	一端固定一端游动	30205	80	D 锥齿轮	
			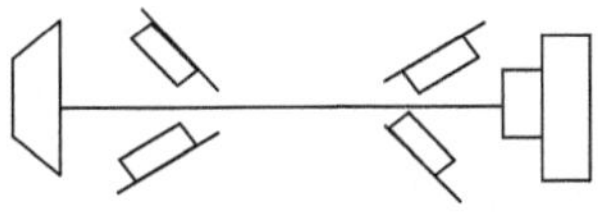	一端固定一端游动	30205	80	E 锥齿轮轴	
			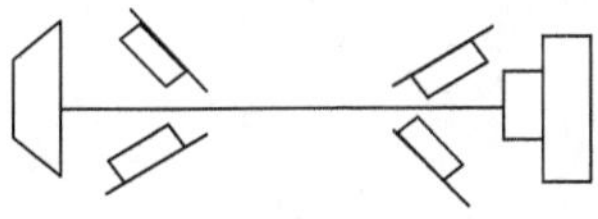	一端固定一端游动	30205	75	E 锥齿轮轴	

5. 根据轴系结构设计装配草图，选择相应的零件实物，按装配工艺要求顺序装到轴上，完成轴系结构设计。

6. 检查轴系结构设计是否合理，并对不合理的结构进行修改。

7. 测绘各个零件的实际结构尺寸（底板不测绘，轴承座只测量轴向宽度）。

8. 将实验零件放回箱内，排列整齐，工具放回原处。

9. 实验报告按 1 ： 1 比例完成轴系结构设计装配图（只标出各段轴的直径和长度即可，公差配合及其余尺寸不注，零件序号，标题栏可省略）。

六、思考题

1. 轴的结构设计要考虑哪些问题？为什么大多数转轴要做成阶梯轴？

2. 轴上零件的轴向固定有哪些方法？

3. 从轴的结构上分析，有哪些减少应力集中措施？

第2章 包装工程专业核心课程实验

实验一 运输包装件的堆码实验

一、实验目的

了解包装件长期在静压条件下的变形情况，对包装件的蠕变有一个直观的认识。

二、实验基本原理和方法

该实验是模拟包装件在仓库堆码时的抗压情况，测试包装件在较长时间的定值载荷作用下的变形情况。采用抗压试验机进行长时间的恒定载荷加压，并跟踪测量试样受压的变形量。

三、实验仪器设备及其基本工作原理

实验设备为纸箱抗压试验机、数据采集系统，见图 2-1，其参数如下：

1. 测量范围：0 ～ 50kN。
2. 变形量的跟踪测量准确度：±0.5mm。

3. 上压板工作面面积：1000mm×1000mm。

实验中，上压板向下运动对试样施加恒定的压力，试样所承受的压力和变形量通过安装在压板上部的压力传感器测量出来。

图 2-1　纸箱抗压试验机及数据采集系统

四、实验步骤

1. 仪器接通电源，在测试软件中设定实验参数，选择实验状态。

2. 进行实验。

五、实验记录与数据处理

对测试数据进行处理，绘出包装件的蠕变曲线。

表 2-1　运输包装件堆码实验数据

堆码时间 /h										
变形量 /mm										
堆码时间 /h										
变形量 /mm										
堆码时间 /h										
变形量 /mm										
堆码时间 /h										
变形量 /mm										
堆码时间 /h										
变形量 /mm										

根据表 2-1 画出包装件堆码时间—变形量的曲线：

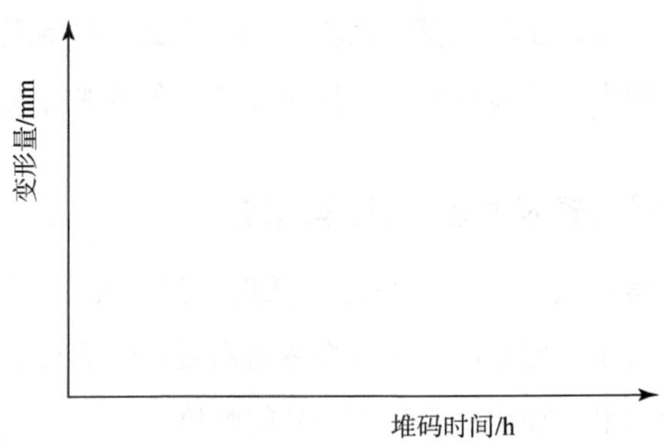

六、注意事项

包装件在实验中一定要用胶带密封。

七、思考题

试推导出 8 层包装件堆码时，最底层承受的静压力的计算公式。

实验二 运输包装件的跌落实验

一、实验目的

1. 固定高度实验法：在确定流通环境的情况下，判定包装对内装物的保护程度，估计包装件在实际流通中的安全情况。

2. 连续升高高度实验法：在没有确定流通环境的情况下，检验包装能承受多大的跌落高度而不受损，即测定包装件在流通中所承受的最大跌落高度。

3. 使学生感性认识包装件在流通中受到冲击的作用机理及造成的危害，懂得如何利用实验结果进行缓冲包装的评价及设计。

二、实验基本原理和方法

应用碰撞理论，提起试样至预定高度，然后使试样保持原来状态（面、棱、角）自由落于冲击面上，从而模拟包装件在装卸和搬运中的跌落。

三、实验仪器设备及其基本工作原理

实验设备有跌落试验机（见图 2-2）、数据采集系统。

将产品试样提升至一定的高度或改变跌落高度，然后自由落下。从而测出其加速度，产品破损的最大加速度即为该产品的脆值。

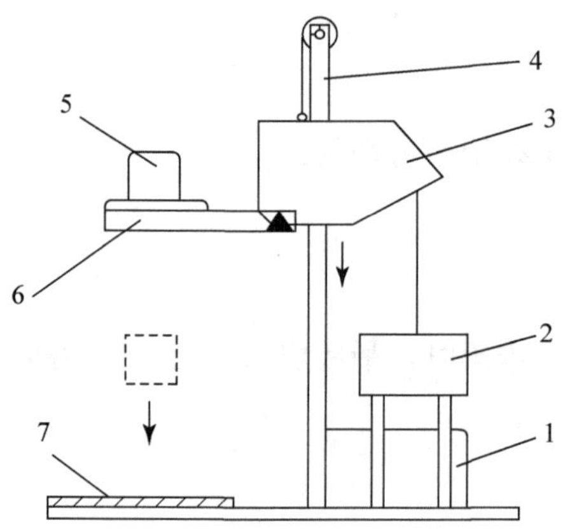

1— 提升机；2— 控制台；3— 上下滑动台；4— 支架；5— 试样；6— 摇臂；7— 跌落面。

图 2-2 跌落试验机

四、实验步骤

1. 准备试样，确定实验方法。
2. 选择测试仪器设备，并连接仪器设备。
3. 测试并记录测试结果。

五、实验记录与数据处理

测试过程中，记录其跌落的次数、对应的加速度、产品是否破损等；最后根据实验结果得出产品的脆值。

1. 固定高度实验法

已知：①包装件总重：_____kg；

②运输方式：_____；（公路、铁路、空运、水运等）

③装卸方式：_____。（一人、两人、小型机械、大型机械等）

由实际流通条件获取或确定跌落高度为：_____mm。

结论：跌落后，按照有关标准或相关要求检验包装及内装物是否受损，从而确认包装件在实际流通中的安全程度：____

____

____

2. 连续升高高度实验法

从某一确定的跌落高度（如 300mm）开始跌落，逐渐提高跌落高度，直至包装件（或内装物）破损，记下此时的跌落高度即为该包装件的最大跌落高度。

表 2-2　连续升高高度实验法实验数据

跌落次数 *n*/ 次	跌落高度 *H*/mm	包装件破损状态
1		
2		
3		
4		
5		
……		

该包装件的最大跌落高度为：_____mm。

3. 不定跌落高度和跌落次数实验法

该实验方法较适用于系统化研究，需要多个包装件试样进行实验。跌落高度由低到高，跌落次数同样由低到高，直至包装件（内装物）破损为止，最后绘制出跌落高度—跌落次数的曲线。

表 2-3　不定跌落高度和跌落次数实验法实验数据

跌落次数	跌落高度 *H*/mm 及对应包装件（内装物）的破损情况										
	300	350	400	450	500	550	600	650	700	……	1000
1	否	否	否	否	否	否	否	否	否	……	破
2	否										
3	否										
4	否										
5	否										
……	……										
n	破										

由表 2-3 数据用描点法绘制出包装件破损时跌落高度和跌落次数的关系曲线：

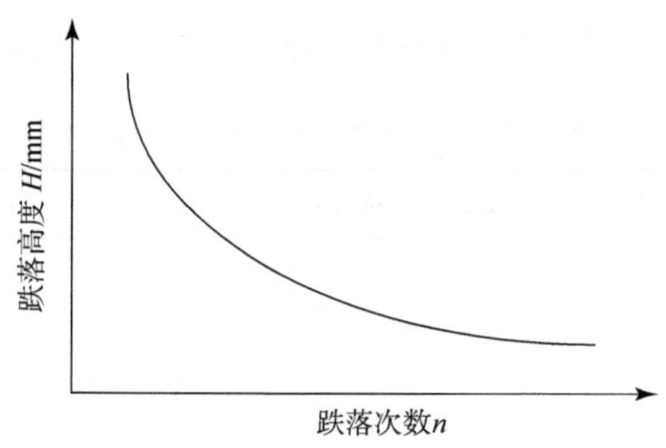

4. 中值跌落高度实验法

该实验方法较适用于系统化研究，需要多个包装件试样进行实验。确定两个跌落高度，一个跌落高度为安全的，一个跌落高度为不安全的（破损），然后依次取中值跌落高度进行跌落实验，最后确定安全的跌落高度。

由表 2-4 可知：

区域上限即第一次产生破损的最低跌落高度是：_____mm。

区域下限即进行一次跌落不产生破损的最高跌落高度是：_____mm。

此区域以下的跌落高度都是安全的。

表 2-4　中值跌落法实验数据

跌落次数 N	跌落高度 H/mm	包装件破损情况	高度重新赋值
1	H_1	安全	—
2	H_2	破损	—
3	H_3=（H_1+H_2）/2	破损	H_2 取 H_1 的值
		安全	H_2 与 H_3 的值互换
4	H_4=（H_2+H_3）/2	破损	H_3 取 H_2 的值
		安全	H_3 与 H_4 的值互换
……	……	破损	……
		安全	……
n	H_n=（H_{n-2}+H_{n-1}）/2	破损	H_{n-1} 取 H_{n-2} 的值
		安全	H_{n-1} 与 H_n 的值互换

六、注意事项

实验时，注意加速度计一定要与产品尽可能地刚性连接。

七、思考题

试比较固定高度跌落法、改变高度跌落法测量产品脆值的异同。

实验三　运输包装件的滚动实验

一、实验目的

评价包装容器对内装物在反复冲撞条件下的防护能力，评定包装容器在反复冲撞条件下的适应能力，使学生认识到包装件在实际流通中受力的复杂性、随机性等。

二、实验基本原理和方法

使包装件经受在旋转六角滚筒内表面的一系列随机转落，依靠设置的导板和挡板，可使包装件以不同的面、棱、角跌落，形成对包装件不同的冲撞危害，其转落顺序和状态是不可预料的，从而模拟运输包装件在流通过程中所受到的反复冲撞、跌落的状态。

三、实验仪器设备及其基本工作原理

实验设备为六角滚筒试验机（见图 2-3）、三向加速度计等。

试验机由筒体、驱动系统、支撑系统及电气控制系统组成。筒体右下方设置一开关，筒体周边均布六个感应片，当筒体旋转时，感应片与接近开关每感应一次，电控箱板面上设置的非接触式计数器记录一次，即为一次转落。

图 2-3　六角滚筒试验机

四、实验步骤

1. 准备试样。

2. 连接各测试仪器设备，接通电源。

3. 进行测试。

五、实验记录与数据处理

对实验中记录的数据和曲线进行分析评价，看内装物的破损情况。

1. 包装件总重：_____kg。

2. 包装件外形尺寸：_____mm×_____mm×_____mm。

3. 对质量在 35kg 以下的运输包装件，其转落次数为：

$$N=\frac{125-2.2M}{1.25\times\frac{L}{l}}=\_\_\_\_\_$$

式中，M 表示包装件总重；L 表示包装件的最大边尺寸（mm）；l 表示包装件的最小边尺寸（mm）。

当实验无法根据包装件在流通过程中可能遇到的反复冲击、碰撞的情况确定转落次数时，其转落次数一般不少于 12 次。

4. 根据包装容器和内装物的情况，预定（确定）包装件的损伤：__________

____

5. 达到预定转落次数或出现预定损伤时停止实验，实验前后包装检查记录：

（1）实验前检查情况

外包装种类：____________________

外包装材料规格：____________________

外包装结构的形式：____________________

外包装密封及捆扎方式：____________________

缓冲材料种类：____________________

产品支撑及固定方式：____________________

产品防护方法：____________________

内装物数量及排列方式：____________________

内装物外观质量：____________________

内装物产品性能：____________________

（2）实验后检查情况

实验后，包装及其内装物改变情况如下：________________________

6. 实验结论：____

六、注意事项

实验时，注意加速度计一定要与产品尽可能地刚性连接。

七、思考题

1. “六角滚筒试验实质上是冲击实验”，这种说法对吗，为什么？

2. 说明该实验的必要性及其适用范围。

实验四　产品垂直冲击实验

一、实验目的

在确定流通环境的情况下，判定包装件对内装物的保护程度，估计包装件在实际流通中的安全情况。使学生感性认识包装件在流通中受到的作用机理及造成的危害，懂得如何利用实验结果进行缓冲包装的评价及设计。

二、实验基本原理和方法

应用碰撞理论，提起试样至预定高度，通过调整缓冲衬垫的厚度，使试样自由落于冲击面上，从而模拟包装件在装卸和搬运中遇到跌落的情况。

三、实验仪器设备及其基本工作原理

实验设备有冲击试验机（见图 2-4）、加速度计、计算机软件测试系统。

将产品试样提升至一定的高度，调整缓冲衬垫的厚度，然后自由落下。从而测出其加速度，产品破损的最大加速度即为该产品的脆值。

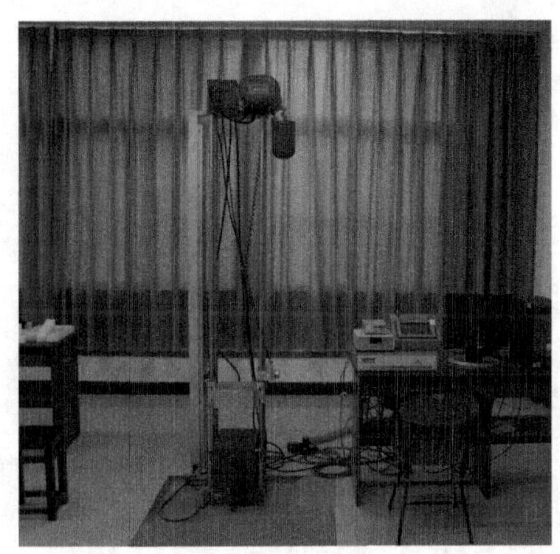

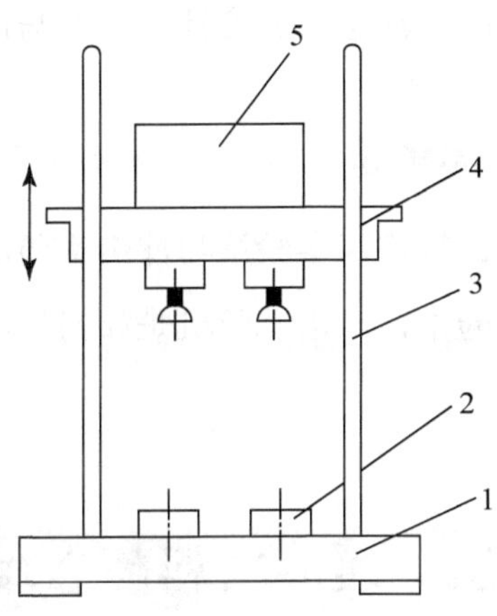

1— 底座；2— 程序控制器；3— 支架；4— 冲击台面；5— 试样。

图 2-4　冲击试验机

四、实验步骤

1．准备试样。

2．连接仪器设备。

3．测试并记录测试结果。

五、实验记录与数据处理

测试过程中，记录其跌落的高度、缓冲衬垫的厚度、对应的加速度、产品是否破损等；最后根据实验结果得出产品的脆值。

表 2-5　产品垂直冲击实验数据

冲击高度 h/cm	30	35	40	45	50	55	60	65	70
峰值加速度 /g									
冲击高度 h/cm	72	74	76	78	80	82	84	……	
峰值加速度 /g									

由表 2-5 可得出，该产品所承受的极限加速度（脆值）为：____。

六、注意事项

实验时，注意加速度计一定要与产品尽可能地刚性连接。

七、思考题

1. 试比较跌落实验法与冲击实验法测量产品脆值的异同。

2. 实验中，冲击试验机是如何控制冲击脉冲波形及加速度的大小的？

实验五　缓冲材料静态缓冲系数测定实验

一、实验目的

学会用万能材料试验机测定缓冲材料的静态缓冲系数，以此来评价缓冲材料的静态缓冲性能。

二、实验基本原理和方法

通过材料的应力和应变曲线计算缓冲材料的应力形变能 $E=AT\int_0^{\varepsilon}\sigma \mathrm{d}\varepsilon$，根据缓冲系数的定义求得缓冲系数。即 $C=\frac{FT}{E}=\frac{\sigma}{\int_0^{\varepsilon}\sigma \mathrm{d}\varepsilon}=\frac{\sigma}{e}$。

三、实验仪器设备

岛津万能材料试验机（见图 2-5）、计算机软件系统。

四、实验步骤

1．准备试样。

2．连接仪器设备。

3．测试并记录测试结果。

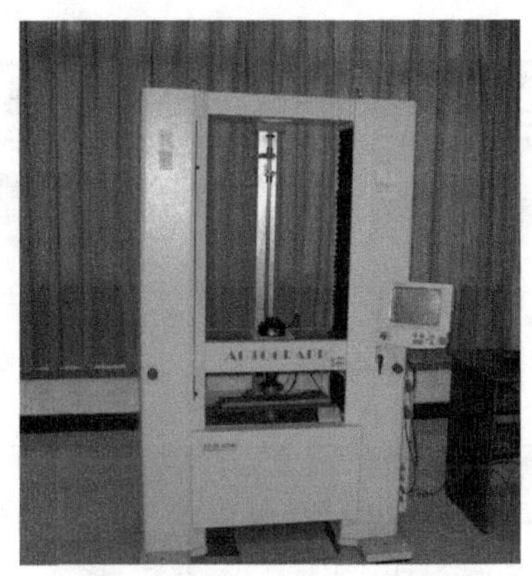

图 2-5 岛津万能材料试验机

五、实验记录与数据处理

测试过程中，记录缓冲材料的应变及其对应状态下的应力；最后根据测试程序计算出缓冲系数。基本程序如下：

1. 测量并记录应变量及其应变增量。
2. 测量并记录与应变对应的应力及其应力增量。
3. 计算各压力区段的应变能增量及其累积值。
4. 计算缓冲系数，画出缓冲系数一应力图。
5. 应变能增量 ΔE 可由下式求得：

$$\Delta E_n=\frac{1}{2}(\Delta\varepsilon \cdot \Delta\sigma)+\Delta\varepsilon \cdot \sigma_{n-1}$$

表 2-6 缓冲材料静态缓冲系数数据处理程序

序号	应变量 ε	应变增量 $\Delta\varepsilon$	应力 σ	应力增量 $\Delta\sigma$	应变能增量 Δe	应变能 e	缓冲系数 C
	cm/cm	cm/cm	kg/cm^2	kg/cm^2	kg · cm/cm^3	kg · cm/cm^3	
0	0						
1	0.10						
2	0.15						
3	0.20						
4	0.30						

续表

序号	应变量 ε	应变增量 $\Delta\varepsilon$	应力 σ	应力增量 $\Delta\sigma$	应变能增量 Δe	应变能 e	缓冲系数 C
	cm/cm	cm/cm	kg/cm²	kg/cm²	kg·cm/cm³	kg·cm/cm³	
5	0.40						
6	0.50						
7	0.60						
8	0.70						
9	0.80						
10	0.90						

根据表 2-6 画出缓冲材料的静态缓冲系数—应力曲线：

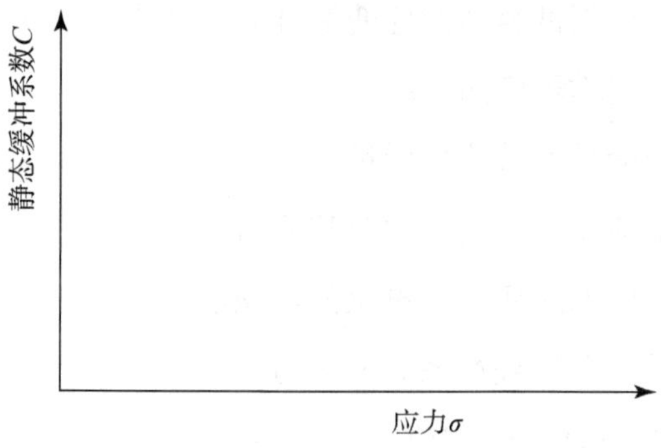

六、实验体会

实验六 缓冲材料动态缓冲系数测定实验

一、实验目的

学会用冲击试验机测定缓冲材料的动态缓冲系数，以此来评价缓冲材料的动态缓冲性能。

二、实验基本原理和方法

根据动态缓冲系数公式求得缓冲系数，即 $C=\dfrac{GT}{H}$，式中，跌落高度 H 和试样厚度 T 可事先设定，加速度可由测试软件读出，通过改变冲击重锤的重量改变加速度的大小。

三、实验仪器设备

冲击试验机（见图 2-6）、计算机软件系统。

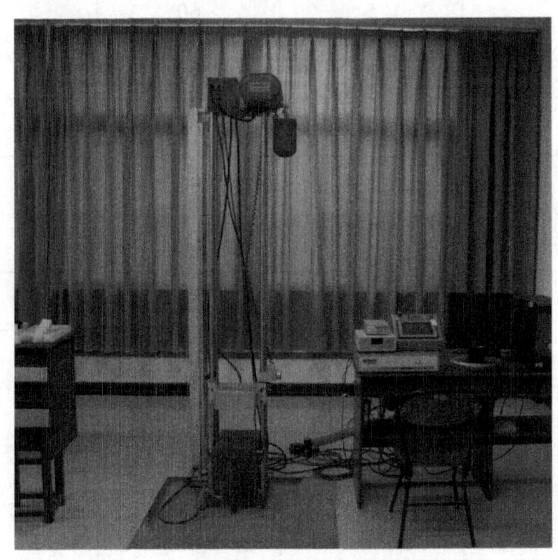

图 2-6　冲击试验机

四、实验步骤

1．准备试样。

2．连接仪器设备。

3．测试并记录测试结果。

五、实验记录与数据处理

测试过程中，记录冲击重锤的重量、加速度；最后根据公式计算出动态缓冲系数。

表 2-7 缓冲材料动态缓冲系数数据处理程序

静应力 ($\sigma=\frac{W}{A}$ kg/cm²)	加速度 G	试样厚度 T/ cm	冲击高度 H/cm	缓冲系数 C	最大应力 $\sigma_m=\frac{GW}{A}$
0.014		5	60		
0.02		5	60		
0.03		5	60		
0.04		5	60		
0.05		5	60		
0.07		5	60		
0.10		5	60		
0.013		10	60		
0.02		10	60		
0.03		10	60		
0.05		10	60		
0.08		10	60		
0.10		10	60		
0.20		10	60		
0.30		10	60		

根据表 2-7 画出缓冲材料的缓冲系数—应力曲线：

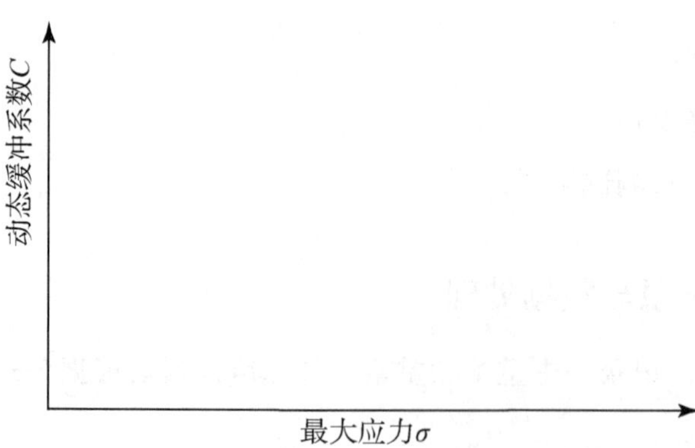

根据表 2-7 画出缓冲材料的最大加速度—静应力曲线：

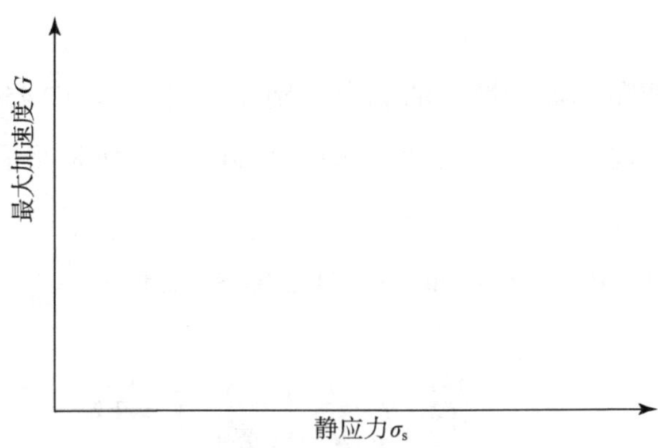

六、实验体会

实验七 纸与纸板平滑度测定

一、实验目的

1. 了解纸与纸板平滑度的概念和测定原理。

2. 掌握纸与纸板平滑度测定方法。

二、实验基本原理和方法

平滑度是指在一定真空度下，使一定容积的空气量在一定压力下，通过试样表面和玻璃面之间的间隙所需的时间，常以秒表示。无汞纸张平滑度测定仪是根据空气泄漏法原理而设计。在一定真空度、一定面积、一定实验压力下，测定一定容积的空气通过试样和玻璃板之间的接触表面所需的时间。试样越平滑，它与玻璃板接触就越紧密，空气通过的速度就越慢，需要的时间就越长。

三、实验仪器设备及技术特性

实验室采用 BST 无汞纸张平滑度测定仪。

仪器主要技术特性：

1. 执行标准

ISO 5627《纸和纸板平滑度的测定（别克法）》、GB/T 456—2002《纸和纸板平滑度的测定（别克法）》、QB/T 1665—2004《纸与纸板平滑度仪》。

2. 主要技术指标

（1）测试精度：0.1s；测试面积：（10±0.05）cm^2。

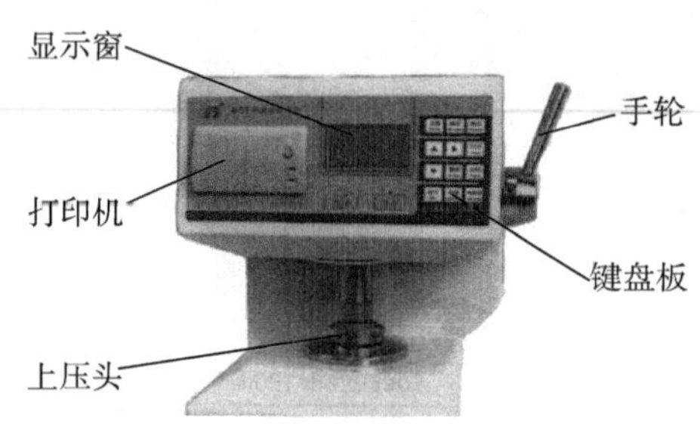

图 2-7 BST 平滑度测定仪外观图

（2）压力：（100±2）kPa。

（3）电源：AC（220±22）V，50Hz。

（4）环境条件：温度 10 ～ 35℃、相对湿度＜85%。

（5）外形尺寸（长 / 宽 / 高）：365mm × 375mm × 480mm；重量：40kg。

3. 标准工作方式

仪器按照国家标准，具有三种标准工作方式。

方式一：容积为（380±1）ml，此为大容积腔。测量真空度从 50.66kPa 降至 48kPa 时的实际时间，乘以标准系数后记为所测纸张的平滑度值（显示值即为测量结果）。一般用于测量平滑度 15 ～ 300s 的中平滑度纸张。

方式二：容积为（38±1）ml，此为小容积腔。测量真空度从 50.66kPa 降至 48kPa 时的实际时间，乘以 10 倍左右系数后记为所测纸张的平滑度值（显示值即为测量结果）。一般用于测量平滑度 300s 以上的高平滑度纸张。

方式三：容积为（380±1）ml，此为大容积腔。测量真空度从 50.66kPa 降至 29.33kPa 时的实际时间，乘以 1/10 左右系数后记为所测纸张的平滑度值（显示值即为测量结果）。一般用于测量平滑度 15s 以下的低平滑度纸张。

四、实验步骤

1. 接通电源，开机预热 15 ～ 30 分钟。打开仪器电源开关，仪器进行自检。自检完毕后，进入初始工作状态。

2. 编号设定。编号为用户自行设定的批次代号，在打印时显示。在预工作界面按“编号”键进入，通过“向右”键选择位数，“向下”键改变编号数值，按“确认”键保存并退出。

3. 按“设置”键选择测试方式。一般平滑度纸选用方式一，高平滑度纸选用方式二，较粗糙纸选用方式三。按“向上”箭头键选择，按“设置”键完成设置。

4. 放置试样。将仪器右侧的手柄向前扳动旋转，使压头抬升至最高位置。将被测纸样放入（被测面朝下，被测面不得粘有灰尘、纤维等物），向右旋转手柄，使压头降至最低（手柄必须旋转到底，否则出现漏气而使测量值偏低）。

准备 3 种不同平滑度的纸样，裁切成 50mm×50mm。转动仪器右侧的手柄，将压头抬到一定的高度，放入被测试纸张（被测试面朝下）。然后转动手柄放下压头，请注意将手柄转到底，以保证（100±2）kPa 的纸面压力。

5. 单次测试。按“启动”键真空泵开始自动测试工作，若干秒后自动放气并显示测试结果。完成第一次测试后自动进入下一次测试预工作界面；在测试过程中，若出现异常情况，可按“停止”键中止当前测试。若需删除本次测量值，在显示本次测试结果后按“删除”键，然后按屏幕提示按“确定”键确认删除；若按“停止”键则放弃本次操作。

6. 多次测试和查询。重复步骤 3、4，仪器最多可以记忆 30 次测量数据，当数据达到 30 次时需打印保存。若继续测试，则以前数据将被清除。每次测试完，或按“向上”箭头键可翻阅以前的测试记录，按“删除”键可删除所查当次记录。

7. 统计打印测试数据。按“统计”键逐屏显示各次测试数据及统计结果（平均值、最大值、最小值、标准偏差、变异系数），此时按“向上”“向下”键可选中各次测试数据。若需删除某次数据，可按“向右”键，此时统计随之改变。按“向上”键保存统计结果并退出。按“打印”键开始下一批次测试，测试组序号自动加 1，原数据被清除。

8. 测试正反两面差。测完纸样正面，按“两面差”键，同时将纸样反面放置，按“启动”键开始测试纸样表面，每次测试完后再按“启动”键进行下一次。正反两面各自测量 4 次。测试完毕按“统计”键显示正反两面各自的测试结果（平均值、最大值、最小值、标准偏差、变异系数）和两面差。按“向下”键观察纸样正、反面各次测试数据。

五、实验记录与数据处理

测试 3 种不同平滑度的纸样。纸样 1 为普通平滑度纸张，选用方式一；纸样 2 为高平滑纸，选用方式二；纸样 3 为较粗糙纸张，选用方式三。每个纸样测试正反两面各测量 4 次（纵、横方向各自测量 2 次）。

记录实验数据，统计其最大值、最小值、平均值、标准偏差、变异系数和两面差。

（1）纸样 1 的测试数据及处理。

（2）纸样 2 的测试数据及处理。

（3）纸样 3 的测试数据及处理。

表 2-8　3 种平滑度的纸样测试结果

	高平滑度纸样		中平滑度纸样		低平滑度纸样	
	正面	反面	正面	反面	正面	反面
1						
2						
3						
4						
最大值						
最小值						
平均值						
标准偏差						
变异系数						

注：标准偏差为 $S=\sqrt{\frac{1}{n-1}\sum_{i=1}^{n}\left(x_i-\bar{x}\right)^2}$；变异系数为（标准偏差 / 平均值）× 100%。

六、注意事项

不同平滑度纸样的选择应该具有代表性。

七、思考题

1. 铜版纸、胶版纸和瓦楞原纸在平滑度方面有何差异？请排序。

2. 对于同一纸样，选择不同测试 (工作) 方式，在实验耗时和测量结果方面有何差异？

3. 对于同一纸样，正反两面的平滑度相同吗？

实验八 纸与纸板光泽度测定

一、实验目的

1. 了解纸与纸板光泽度的概念和实验测定原理。

2. 掌握 GM 光泽度测定仪的操作方法。

二、实验基本原理和方法

光泽度（Glossiness）是用数字表示的物体表面接近镜面的程度，主要取决于光源照明和观察角度。光泽度值以光泽度单位（GU）计量，可分为低光泽、半 (中) 光泽和高光泽 3 类，分别推荐应用 75°角、60°角和 20°角测定。

在理论上，光泽被定义为物体表面镜面反射能力与完全镜面反射能力的接近程度。纸张光泽度的测定适宜采用对比光泽度（Contrast Gloss）。

三、实验仪器设备及技术特性

实验室采用 GM 光泽度测定仪，测量纸和纸板 75°角、20°角、60°角的光泽度。仪器有打印输出装置，机板上有操作键和显示屏。仪器内部有 75°角、20°角、

60°角光泽度的三个光学系统，共用一只光源灯泡，全部光学系统装在一件安装板上。背面下部装有主电路板部件，上部是电源部件，装有电源插头座和电源开关。正面左手位有一拉板，靠弹簧定位，可以推进、拉近或居中三个位置，分别测量75°角、20°角、60°角光泽度，面板上有相应的指示灯亮。试样夹用于夹持试样（或标准板、黑阱），顺时针方向转动捏手，就可以拉出试样夹，夹好试样。

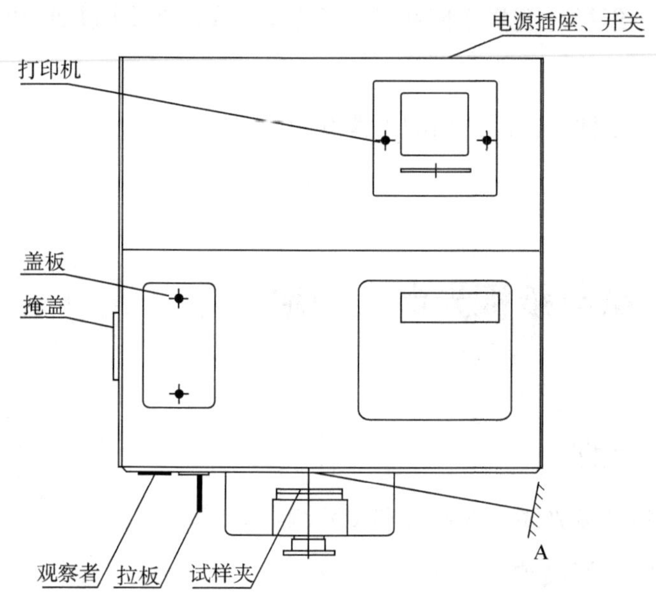

图 2-8　GM 光泽度测定仪平面图

仪器主要技术特性：

1. 执行标准

GB 8941.1—1988《纸和纸板镜面光泽度测定法 20°角测定法》；GB 8941.3—1988《纸和纸板镜面光泽度测定法 75°角测定法》；ISO2813《涂料油漆非金属膜 60°、20°角镜面光泽度的测定》。

2. 测量范围

75°角光泽度：0 ～ 378；60°角光泽度：0 ～ 999.5；20°角光泽度：0 ～ 2038。

3. 测量重复性：0.5 光泽度单位。

4. 准确单位：1 光泽度单位。

5. 试样尺寸：50mm × 50mm。

6. 电源：170 ～ 220V，50Hz，0.3A。

7. 工作环境：温度 0 ～ 35℃，相对湿度不超过 85%。

8. 标准板的光泽度测量值。

折射率为 1.567 的光洁黑玻璃平面，光泽度量值定为 100（光泽度单位）。这样，理想光洁反射镜面的光泽度为：

G75 = 378　G60 = 999.5　G20 = 2038

通常采用光洁（抛光）的黑玻璃平板作为光泽度标准板，由计量部门标定其光泽度量值。

四、实验步骤

1. 选打印。按“打印”键，打印指示灯亮，表示打印机连机；再按一次“打印”键，指示灯熄灭，表示脱机。连机时可打印样品编号、测量值、平均值和统计值。

2. 编号设置。编号作为样品的标识代号，不同样品编有不同的代号，以便识别。编号的样品经过测量、统计后内存备查。按“编号”键、“4”键使频闪数位右移 1 位，“5”键使频闪数字逐次加 1，最后按“å”键确认显示的编号成立。编号范围 01 ～ 99。

3. 选择测量角度。推进拉板到底（凭手感准确到位）75° 指示灯亮，测量 75° 角光泽度；拉出拉板到 60° 指示灯亮，测量 60° 角光泽度；再拉出拉板到 20° 指示灯亮，可测量 20° 角光泽度。

4. 调零、调准测量之前，可用试样夹夹好黑阱进行调零，再用试样夹夹好标准板进行调准（G20= 82.6，G60=91.7，G75= 94.9）。经过调零、调准的仪器具有记忆功能，即使长期关机停电也不会丢失信息。如果测量时显示“Err0”或“Err1”，表示仪器需要重新调零或调准。如果显示“Err2”，表示测量光电信号异常，需返回厂家。

5. 测量、删除当前测量值。按“测量”键，即显示（打印）测量值。如果觉得本次测量有误，或不可取，可按“空白”（¨）键，显示的测量值即被删除，显示数变为空白。被删除的测量值不参与取平均值、统计值的计算。

6. 取平均值。每张纸样可在纵、横两个方向测量，然后按“平均”键显示（打印）平均值，作为这张试样的光泽度值。仪器允许最多测量 16 次取平均值。

7. 统计。依据国家标准，每个样品纵、横方向各测量 5 次，可以显示 10 次光泽度的算术平均值（AM）；再按“统计”键，可以显示标准偏差（SD）和变异系数（CV）。

表 2-9 纸与纸板光泽度测定程序

序号	事项	操作或说明	按键	屏显示	纸打印
1	选打印		打印	打印灯亮	
2	编号	01 代表数字 0 频闪，不同	编号 ▲ ▶ ◀ ↙	01 91 91 92 92	 No:92
3	选 75°	推进拉板到底		75° 灯亮	
4	调零 调准	试样夹夹好黑阱 试样夹夹好标准板（假设标准 G75=94.9）	调零 ↙ 调准 ▶ ▲… ↙	0 0.0 0 0.0 G XXX.X G 095.0 G 95.0	
5	测量	夹试样 1，纵向（如果删除刚才测量值） (重测纵向) 横向	测量 □ 测量 测量	G XX.X G G XX.X G XX.X	G75 XX.X Delete G75 XX.X G75 XX.X
6	平均	求纵、横向平均值 试样 2 ~ 5 同上	平均	 …	G75(A) XX.X …
7	统计	求 5 张试样算数平均值 求标准偏差 求变异系数	统计 统计 统计	A. XX.X S. XX.X C. XX.X	AM_{75} XX.X SD_{75} X.X CV_{75} X.X%
8	调阅	调 92 号样品，75° 指示灯亮 查看统计结果	编号▶ ▲ ↙ 统计 统计 统计	Ⅱ. XX Ⅱ. 92 A. XX.X S. XX.X C. X.X	 No: 92 AM_{75} XX.X SD_{75} XX.X CV_{75} XX.X

8. 调阅。编号的样品，统计结果（样品光泽度、标准偏差、变异系数）与编号一同储存，必要时可以调阅。按“编号”键、“4”“5”“å”键显示（打印）待查样品编号，接着再按“统计”键就会显示（打印）该编号样品的光泽度、标准偏差和变异系数。

五、数据记录与数据处理

准备样品，切取纸样 3 张（高光泽度纸、半光泽度纸和低光泽度纸各 1 张），测量 60°角光泽度，各测量 10 次（纵、横方向各 5 次），以列表形式记录不同纸样在纵、横方向的光泽度测量值，以及算术平均值（AM）、标准偏差 (SD) 和变异系数 (CV)。

表 2-10　3 种不同光泽度的纸样测试结果

纸样 / 次数	高光泽度纸样		半光泽度纸样		低光泽度纸样	
	纵向	横向	纵向	横向	纵向	横向
1						
2						
3						
4						
5						
平 均 值						
标准偏差						
变异系数						

注：标准偏差为 $S=\sqrt{\frac{1}{n-1}\sum_{i=1}^{n}\left(x_i-\bar{x}\right)^2}$；变异系数为（标准偏差 / 平均值）×100%。

六、注意事项

不同光泽度纸样的选择应该具有代表性。

七、思考题

1. 铜版纸、胶版纸和瓦楞原纸在光泽度方面有何差异？请排序。

2. 对于同一纸样，选择不同角度对于光泽度测量结果方面有何差异？

3. 对于同一纸样，纵向和横向的光泽度相同吗？

实验九 纸与纸板白度的测定

一、实验目的和实验内容要求

1. 了解纸与纸板白度的概念和测定实验原理。

2. 掌握纸与纸板白度测定方法。

二、实验的基本原理和方法

白度（whiteness）表示纸张的洁白程度，表示纸张对可见光波长范围内均匀漫反射的总反射能力。纸张白度主要受纸浆中的木质素含量和漂白程度影响。纸张白度对最后印刷品的呈色范围有较大的影响。通常，纸张白度越高，对油墨真实色彩的再现能力越强，印刷品颜色越鲜艳，色域越宽广。根据国家标准GB/T7947—2002，TAPPI白度是指定向（45°/0°）蓝光（波长457nm）反射率。

三、实验使用的仪器设备及特征

实验室采用YQ-Z-48A白度颜色测定仪。

仪器主要技术特性：

（1）模拟D_{65}照明体照明，采用CIE 1964补充色度学系统和CIE 1976（L*a*b*）色彩空间色差公式。

（2）采用d/o（45°/0°）照明观察几何条件，漫射球直径150mm，测试孔直径25mm，积分球开孔比大于10 ∶ 1。设有光吸收器，消除试样表面镜面反射的影响。

图 2-9 YQ-Z-48A 白度颜色测定仪外观图

（3）根据 ISO 及国家标准设计测定 R457 白度光学系统的光谱功率分布，采用符合 CIE 标准规定的 D_{65} 光源、10°视场的 Y10 明度光学系统。测量定向蓝光反射率，数值表示纸张的白度。

（4）测量重复性：δ（Y_{10}）＜0.1，δ（X_{10}，Y_{10}）＜0.01。

（5）准确度：ΔY_{10}＜0.9，ΔX_{10}（Y_{10}）＜0.01。

（6）试样尺寸：测试平面不小于 30mm, 厚度不超过 40mm。

（7）电源：170 ～ 220V，50Hz，0.3A。

（8）工作环境：温度 10 ～ 30℃，相对湿度不超过 85%。

（9）尺寸和重量：370mm×270mm×410mm，15kg。

仪器构造：

仪器应安装在稳固的水平面上，防止震动，避免强光照射、灰尘和溅水。仪器下部是底座，装有打印机、测量键。中部立柱内装有电源，后面有插座和电源开关，插座接地端（接仪器外壳）应可靠接地。上部是仪器主体部分，内装测量光电部件，漫射球下面是测量孔，下方装有试样托和压紧器，用手压下手圈可使试样托向下移动，把试样放到试样托上，压紧在测量孔下面。打开上面盖板，可以看见漫射球上方装有探测器，漫射球后方装有拉板、转盘和照明光源。拉板上装有紫外滤光片；拧紧左侧面拉板旁边的调节螺钉，可以调节照明的紫外辐射（UV）分量；在测量荧光增白度时，抽出拉板，可以消除照明的紫外辐射。转盘上装有 R457、Rx、Ry 和 Rz，可进行相应的工作（调零、校准、测量漫反射因素）。光源卤钨灯装在后面遮光罩内，灯丝高度与聚光灯中心平齐。面板上显示器和按键用来调校仪器，提示测量选项并显示测量结果等。附有黑阱和标准工作板，用来调校仪器。

测量术语的符号和公式：

（1）蓝光漫反射因数（R457） 称为蓝光白度、ISO 白度（ISO Brightness）

（2）颜色 (color) 红、绿、蓝三色漫反射因素：Rx、Ry 和 Rz

（3）刺激值：X_{10}、Y_{10}、Z_{10}

$X_{10}=0.76843\,\mathrm{Rx}+0.17985\mathrm{Rz}$ $Y_{10}=\mathrm{Ry}$ $Z_{10}=1.07381\mathrm{Rz}$

（4）色品坐标：x_{10}、y_{10}

$$x_{10}=\frac{X_{10}}{X_{10}+Y_{10}+Z_{10}}$$

$$y_{10}=\frac{Y_{10}}{X_{10}+Y_{10}+Z_{10}}$$

（5）明度指数：$L^*=10\,Y_{10}^{1/2}$ 色度指数：a^*、b^*

$A^*=17.5(1.0547\,X_{10}-Y_{10})\,/\,Y_{10}^{1/2}$ $b^*=7.0(Y_{10}-0.9318\,Z_{10})\,/\,Y_{10}^{1/2}$

彩度：$C^*_{ab}=(a^2+b^2)^{1/2}$ 色调角：$h^*_{ab}=tg^{-1}(b^*/a^*)$

四、实验基本步骤

1. 调零。左手推进拉板到底（指示灯 UV 点亮）。试样托上放黑阱，转动手轮到 R457 位，按调校键一次（显示频闪 0 0.00），接着按↙键一次（频闪停 0 0.00）。转动手轮到 Rx、Ry 和 Rz 位，分别如上调零。调零毕，取下黑阱。

2. 校准。试样托上放 1 号标准板，转动手轮到 R457 位，按调校键两次（显示频闪 n 和数值），按数字键键入 1 号板标准值，再按一次↙，显示 n 和标准值。转动手轮到 Rx、Ry 和 Rz 位，同样按调校键两次，分别键入 1 号板 Rx、Ry 和 Rz 标准值并按↙键完成校准。校准毕，取下 1 号板。

3. 正式测量。测量键在仪器下方，对应参数按多次可切换。比如，按“Rx、Ry、Rz”键多次，可循环显示 Rx、Ry、Rz 数值。

五、实验记录与数据处理

准备纸样 2 张（高白度纸、中白度纸各 1 张），分别测量 R457、Rx、Ry、

Rz，X_{10}、Y_{10}、Z_{10}、x_{10}、y_{10}、L^*、a^*、b^*、C^*_{ab}、h^*_{ab}。

表 2-11　不同白度纸样测试实验数据

	R457	Rx、Ry、Rz	X_{10}、Y_{10}、Z_{10}	x_{10}、y_{10}	L^*、a^*、b^*	C^*_{ab}、h^*_{ab}
高白度纸样						
中白度纸样						

六、注意事项

两种白度纸样的选择应该具有代表性。

七、思考题

不同类型的纸与纸板，白度有何差异？

实验十　彩色油墨颜色质量的测量

一、实验目的

1. 了解三原色油墨的呈色性能。
2. 掌握使用密度计（分光光度计）测量三原色油墨色品的方法。

二、实验基本原理和方法

目前，印刷业广泛采用以红、绿、蓝三滤色片密度值评价油墨的颜色特征。该方法由美国印刷技术基金会 GATF 推荐，提出四个参数来表征油墨的颜色质量特性。

（1）油墨色强度

油墨进行密度测量时，分别通过三个滤色片测出数值最高的密度称为该油墨的色强度，即主密度，另外两个数值偏小的密度都称为副密度。油墨色强度决定了油墨颜色的饱和度，也影响套印时间色和复色色相的准确性，以及中性色是否能达到平衡等问题。油墨色强度，在一般的印刷工艺情况下，黄墨主密度值 D_B 在 1.00 ～ 1.10，品红主密度值 D_G 在 1.30 ～ 1.40，青墨主密度值 D_R 在 1.40 ～ 1.50，黑墨主密度值 D_{Bk} 在 1.50 ～ 1.60。

（2）色相误差

油墨颜色不纯洁，使得其对光谱的选择吸收不良，产生不应有密度，而造成色相误差。不应有密度的大小就是这种色相偏差的反映。各种原色都可以用 R、G、B 滤色片测量，得到高、中、低三个不同大小的密度值。色相误差可由这三个密度值按照下面的公式进行计算。油墨的色相误差用百分率表示：

$$\text{色相误差}=\frac{\text{中密度值}-\text{低密度值}}{\text{高密度值}-\text{低密度值}}\times 100\%$$

（3）灰度

油墨灰度可以理解为该油墨中含有非彩色的成分，这是由于低密度值处不应有吸收造成的，它只起消色作用。灰度以百分率表示，用下面的方法计算：

$$\text{灰度}=\frac{\text{低密度值}}{\text{高密度值}}\times 100\%$$

灰度对油墨饱和度有很大影响。灰度百分数越小，油墨饱和度就越高。

（4）色效率

油墨色效率是指一种原色油墨应当吸收三分之一的色光，完全反射三分之二的色光。因为油墨存在不应有吸收和吸收不足，使得油墨颜色效率下降，可按下面的方法计算：

$$\text{色效率值}=1-\frac{\text{低}+\text{中}}{2\times\text{高}}\times 100\%$$

三、实验仪器设备及功能

实验室采用美国爱舍丽 X-rite SpectroEye 分光光度计（图 2-10）、数码打样评测版。

1. 功能界面

2. 运输保护解锁与锁定

锁定方法：主菜单 → 设置 → 常规 → 运输保护 → 锁定测量头 → 是

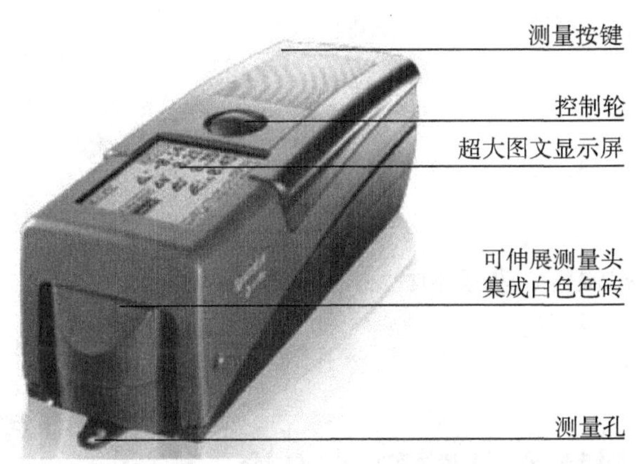

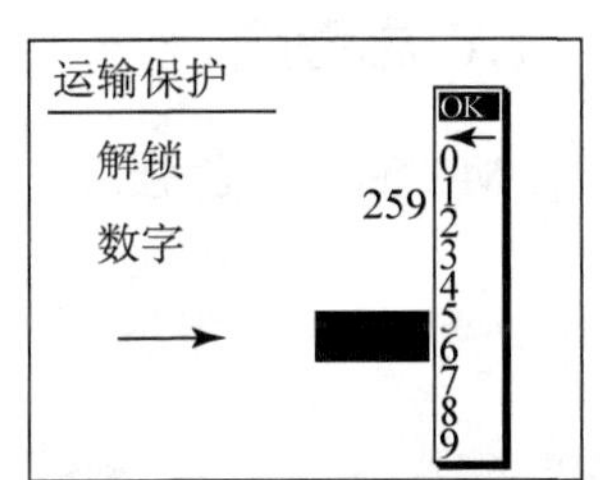

图 2-10　美国爱舍丽 X-rite SpectroEye 分光光度计

3. 测量功能

（1）密度测量：实地（网点）密度、网点面积、网点增大、叠印率。

（2）光谱测量：光谱反射率。

（3）色度测量：Lab 值、色差 ΔE。

四、实验步骤

1. 制作三原色油墨实地印刷样张（包括 Y、M、C、Y+M、Y+C、M+C、Y+M+C），或者采用已印刷好的三原色油墨实地印刷样张。

2. 用密度计测量各色油墨的实地密度。

3. 模拟计算各色油墨的色相误差、灰度和色效率。

五、实验记录与数据处理

表 2-12　实验数据处理表

密度 \ 色别	加 R 滤色片密度值（D_C）	加 G 滤色片密度值（D_M）	加 B 滤色片密度值（D_Y）	油墨色强度	色相误差	灰度	色效率
Y							
M							
C							

六、注意事项

仪器操作注意不要摇晃。

七、思考题

YMC 油墨在色强度、色相误差、灰度和色效率方面有何不同？请排序。

实验十一 彩色印刷基本参数测量实验

一、实验目的

1. 测量彩色印刷的基本参数：实地密度、网点密度、印刷反差值。

2. 测量彩色印刷的基本参数：网点面积率、网点增大值。

二、实验基本原理和方法

1. 实地密度

实地是指网点面积率为 100% 没有空白的印刷区域，实地密度即为实地区域的密度值。印刷实地密度取决于实地覆盖率、墨层平均厚度及油墨层表面状态。

2. 网点密度和网点面积率

网点密度是指网点区域的反射密度，网点面积率是指在单位面积上群集的所有网点面积之和与总面积的比值。网点面积率用 F_{p} 表示，实地密度用 D_{s} 表示，网点密度用 D_{t} 表示。

网点面积率 $$F_p=\frac{网点占有面积}{网格总面积}$$ （定义式）

网点面积率 $$F_p=\frac{1-10^{-D_{\mathrm{t}}}}{1-10^{-D_s}}$$ （计算式）

3. 网点增大

印版上的油墨经过压印向纸张转移通常网点要增大，这种现象称为网点增大。

网点增大会严重影响印刷质量。用 F_o 表示制版胶片某处的网点面积率，用 F_p 表示印刷品相应处的网点面积率，用 ΔF 表示网点增大。则

$$\Delta F = F_p - F_O$$

4. 印刷相对反差

印刷反差最大时，对应最佳墨层厚度。印刷反差“K”是实地密度和网点密度（75% 或 80% 处）的差值与实地密度之比。即

$$K=（D_s-D_t）/D_s$$

5. 叠印率

叠印率是度量油墨叠印程度的物理量。理想叠印率为 100%，但实际生产达不到。叠印率越高，叠印效果越好。叠印率可以通过测定各色油墨的密度和油墨叠印的密度值来计算。用 D_1 表示第一色（先印色）密度，D_2 表示第二色（后印色）密度，D_{1+2} 表示两种油墨先后叠印后的叠印密度，$f_{D(2/1)}$ 表示第二色（后印色）相对于第一色（先印色）的叠印率。

$$f_{D(2/1)} = (D_{1+2} - D_1) / D_2 \times 100\%$$

备注：油墨 R（M+Y），表示叠印第一色是 M，第二色是 Y，叠印显色是 R。

三、实验仪器设备及功能

实验室采用美国爱舍丽 X-rite SpectroEye 分光光度计、数码打样评测版。

1. 功能界面

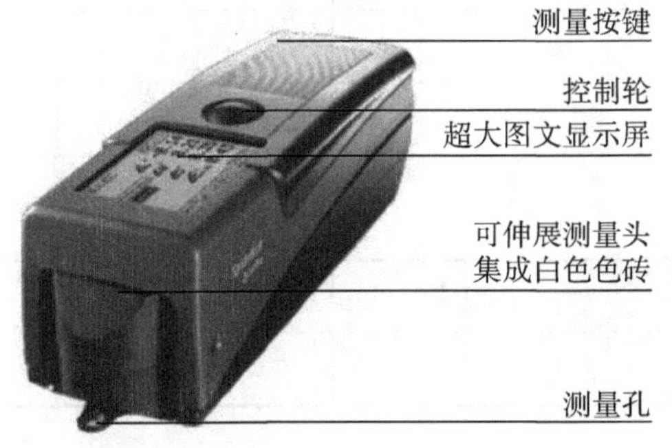

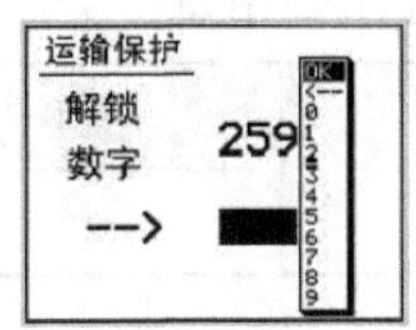

图 2-11　美国爱舍丽 X-rite　SpectroEye 分光光度计

2. 运输保护解锁与锁定

锁定方法：主菜单 → 设置 → 常规 → 运输保护 → 锁定测量头 → 是

3. 测量功能

（1）密度测量：实地（网点）密度、网点面积率、网点增大、叠印率。

（2）光谱测量：光谱反射率。

（3）色度测量：色度值 Lab、色差 ΔE。

四、实验步骤及数据记录和分析

1. 测量实地密度

色别	Y	M	C	B_K
实地密度				

2. 测量网点密度和网点面积率

原稿 F_o	黄 D_t	黄 F_p	品红 D_t	品红 F_p	青 D_t	青 F_p	黑 D_t	黑 F_p
20%								
40%								
50%								
60%								
80%								

3. 测量网点增大

F_o	黄 ΔF	品红 ΔF	青 ΔF	黑 ΔF
40%				
50%				
80%				

4. 测量印刷相对反差

F_o	黄 K	品红 K	青 K	黑 K
80% 处				

5. 测量叠印率

色别	叠印密度	叠印率
R（M+Y）		
G（C+Y）		
B（C+M）		

五、注意事项

仪器操作注意不要摇晃。

六、思考题

1. 不同色相的油墨，实地密度有何差异？
2. 油墨如果叠印顺序不同，对最终的叠印密度有何影响？
3. 分析实验数据，网点增大有何规律？

实验十二　彩色印刷品色差分析实验

一、实验目的

1. 了解色差产生的原因。
2. 运用色差理论对印刷品的微小色差进行鉴定与计算。

二、实验基本原理和方法

CIE 1976 $L^*a^*b^*$ 均匀颜色空间与色差计算和分析。

$$L^* = 116\left(Y/Y_0\right)^{1/3} - 16 \qquad Y/Y_0 > 0.01$$
$$a^* = 500\left[\left(X/X_0\right)^{1/3} - \left(Y/Y_0\right)^{1/3}\right]$$
$$b^* = 200\left[\left(Y/Y_0\right)^{1/3} - \left(Z/Z_0\right)^{1/3}\right]$$

彩度 $C_{ab}^{*}=\left[\left(a^{*}\right)^{2}+\left(b^{*}\right)^{2}\right]^{1/2}$

色相角 $h_{ab}^{*}=\arctan(b^{*}/a^{*})(\text{弧度})=\frac{180}{\pi}\arctan(b^{*}/a^{*})(\text{度})$

三、实验仪器设备及功能

美国爱舍丽 X-rite SpectroEye 分光光度计、数码打样评测版。

四、实验步骤及数据记录和分析

1. 将测得的色块密度和色度数据记入表 2-13 和表 2-14。

表 2-13 不同网点面积率的单色色块密度和色度分析数据

色别	加 R 滤色片密度值	加 G 滤色片密度值	加 B 滤色片密度值	*L**	*a**	*b**
Y20%						
Y40%						
Y60%						
Y80%						
Y100%						
M20%						
M40%						
M60%						
M80%						
M100%						

续表

色别	加R滤色片密度值	加G滤色片密度值	加B滤色片密度值	L^*	a^*	b^*
C20%						
C40%						
C60%						
C80%						
C100%						

表2-14　彩色印刷品色差分析数据

分组		L^*	a^*	b^*	ΔL	Δa	Δb	色差 ΔE
第1组 50%C	1							
	2							
第2组 60%M	1							
	2							
第3组 70%Y	1							
	2							
第4组	1							
	2							

2. 根据表2-13数据，制作Y、M、C三色网点面积率与密度和色度的关系曲线，并分析其相互关系。

3. 根据表 2-14 数据，各组中以其中第 1 色块为标准，分析第 2 色块与第 1 色块相比各色墨量大小，如何调整才能接近第 1 色块。

五、注意事项

仪器操作注意不要摇晃。

六、思考题

基于密度和色度对彩色印刷品进行色差分析，总结各色墨量调整的方法。

实验十三 产品计数充填工艺

一、实验目的

1. 了解产品计数充填工艺。
2. 掌握计数充填设备的工作原理并能独立操作。

二、实验原理

利用转盘上的计数板对胶囊进行计数，并将其充填到包装容器内。每次充填胶囊的数目由转盘在充填区域中计数板的孔数决定。该设备采用电磁振动使药品均匀分散在数片盘中，药瓶未到下料口处时主机不转动，在药瓶放置下料口处时，药物自动进入瓶中。当物料尺寸变化或者每次充填数量改变时，可以更换相应尺寸和形状的计量盘。

三、实验设备及实验材料

1. 实验材料：胶囊、片类、丸类产品；小型容器。

2. 实验设备：半自动胶囊灌装机（型号：SPJ），具体如图 2-12 所示。

四、实验步骤

1. 接通电源，使设备进入工作状态。

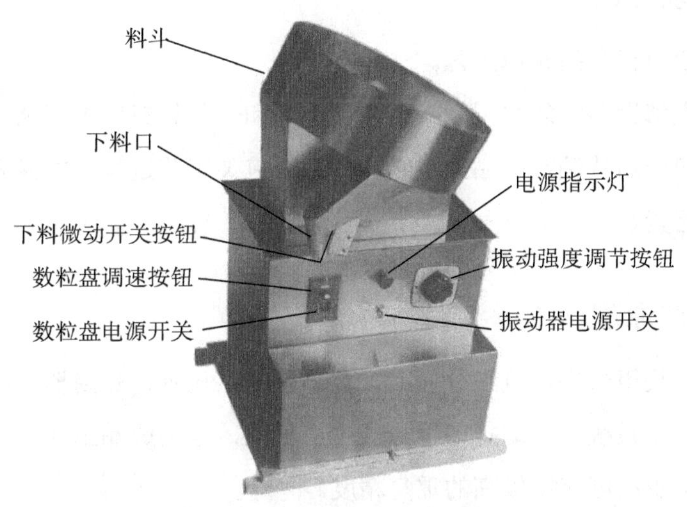

图 2-12 半自动胶囊灌装机

2. 选择某一型号的计数料盘，并将产品倒在料盘上。

3. 将准备的容器置于下料口处，固定数量的产品自动落入容器中。

五、注意事项

1. 根据产品的大小选择合适规格的料盘。

2. 实验完毕，应清理机上和模具孔内的残留药物，保持整机卫生，避免用水冲洗主机。

六、实验报告要求

记录至少三次充填数量，分析其是否存在误差及其原因。

实验十四 粉粒状产品软包装充填工艺

一、实验目的

1. 了解粉粒状产品充填工艺。

2. 掌握充填设备的袋成型、颗粒产品充填和包装袋封口的工艺实现原理和方法；掌握颗粒产品从颗粒产品到包装品的整个包装工艺过程，并深入分析影响包装件质量的因素。

二、实验原理

制袋系统采用步进电机细分技术，控制器汉字显示，热封器四路控制温度，可靠的光电检测系统，自动打印批号或生产日期，包装成品上切易撕口。计量螺杆由步进电机驱动可获得极高的重复精度。

三、实验设备及实验材料

1. 实验材料：粉状、粒状产品，成卷复合包装膜材料。

2. 实验设备：粉剂自动包装机（型号：DKDF-50），具体如图 2-13 所示。

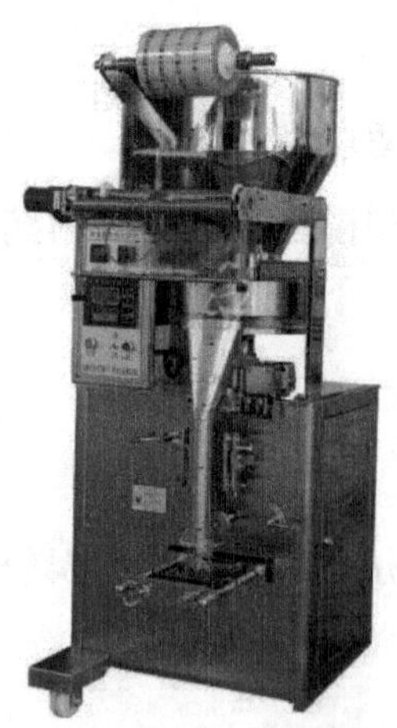

图 2-13 粉剂自动包装机

四、实验步骤

1. 将薄膜料卷置于料架上：使薄膜依次通过几个张力控制辊，最后通过成型器使材料对折。

2. 接通电源开关：合上电源开关，电源指示灯亮，纵封与横封辊通电加热。

3. 调整纵封与横封温度控制按钮：温度调整按所使用的包装材料而定，一般在 100 ～ 110℃。纵封与横封温度在使用时可根据情况随时调整。

4. 设置控制面板的参数：调整封口温度和包装速度，最终做出封口效果理想的包装物。

五、注意事项

1. 塑料袋成型器的正确安装。

2. 薄膜纵封边应预先放在纵封辊之间。

3. 根据薄膜材料设置恰当的横封与纵封温度。

4. 运转过程中，在横封辊和裁刀之间，不准手及其他物品靠近。

5. 为了确保安全，电源的地线端必须可靠接地。

六、实验报告要求

1. 归纳总结出自动颗粒包装机在生产过程中从颗粒产品到形成包装品的整个包装工艺过程，画出包装工艺流程图。

2. 叙述袋成型工艺、颗粒产品充填工艺和包装袋封口工艺在本包装机中是如何有效协调工作的，即不同工作速度下袋成型工艺、颗粒产品充填工艺和包装袋封口工艺的协调性分析。

3. 分析纵封与横封温度的变化、自动颗粒包装机在不同工作速度下对包装袋封口工艺的效果分析，考虑是否需要对纵封与横封温度进行必要的调整。

实验十五　液态产品软包装充填工艺

一、实验目的

1. 了解液态产品充填工艺。

2. 掌握充填设备的工作原理并能独立操作。

二、实验原理

典型的袋成型—充填—热封口机，其工作原理参见包装工艺学教材。

三、实验设备及实验材料

1. 实验设备：液体自动包装机（型号：AS1000）。液体包装机工艺流程部位，全部采用不锈钢制成，高位平衡罐或自吸泵定量充填，直接加热封切，制袋尺寸、包装重量、封切温度调节方便可靠，生产日期色带打印，边封、背封，光电跟踪（具体如图 2-14 所示）。

2. 实验材料：液态产品（自来水）；聚乙烯薄膜。

图 2-14　液体自动包装机

四、实验步骤

1. 检查设备的工作状态使其保持工作良好。

2. 断电情况下安装好卷筒薄膜。

3. 设置温度、预热热封辊。

4. 开机包装。

五、注意事项

1. 塑料薄膜预先正确地通过成型器。

2. 薄膜纵封边应预先放在纵封辊之间。

3. 根据薄膜材料设置恰当的横封与纵封温度。

4. 机器运行过程中，不要过于靠近设备，运行时绝不能用手触摸，特别是热封机构以及供电部分。

六、实验报告要求

1. 写明实验的主要步骤及实验条件。

2. 讨论分析热封温度对包装质量的影响。

3. 清楚阐述实验的基本原理。画出液体灌装工艺过程示意图。

实验十六　膏体 / 液体产品压力灌装工艺

一、实验目的

1. 了解膏体 / 液体产品充填工艺。

2. 掌握充填设备的工作原理并能独立操作。

二、实验原理

液体自动灌装机是一种对高浓度流体进行灌装的灌装机，它是通过气缸带动一个活塞及转阀的三通原理来抽取和打出高浓度物料，并以磁簧开关控制气缸的行程，并调节灌装量。

三、实验设备及实验材料

1. 实验材料：液态产品，塑料或玻璃包装容器。

2. 实验设备：液体自动灌装机（型号：G1WGD-500），具体如图 2-15 所示。

图 2-15　液体自动灌装机

四、实验步骤

1. 根据容器容积调节灌装范围。

2. 调节灌装速度。

3. 将容器置于灌装头下开始灌装。

五、注意事项

1. 调节准确的灌装量。

2. 实验结束后将设备清理干净。

六、实验报告要求

1. 写明实验的主要步骤及实验条件。

2. 清楚阐述实验的基本原理。画出压力灌装工艺工作原理示意图。

实验十七 塑料瓶 / 玻璃瓶铝箔封口工艺

一、实验目的

1. 了解塑料瓶和玻璃瓶的铝箔封口工艺。

2. 掌握封口设备的工作原理并能独立操作。

二、实验原理

电磁感应铝箔封口机是利用电磁感应的原理，使瓶口上的铝箔片瞬间产生高热，然后熔合在瓶口上，达到封口的目的。

三、实验设备及实验材料

1. 实验设备：手持铝箔封口机（型号：DCGY-F500）。

2. 实验材料：塑料瓶、玻璃瓶、铝箔。

图 2-16　手持铝箔封口机

四、实验步骤

1. 根据瓶口大小将铝箔裁切成圆片。

2. 将铝箔圆片置于容器口部。

3. 将手持封口设备压在瓶口保持几秒钟，从而完成封口。

五、注意事项

1. 铝箔圆片大小与瓶口相匹配。

2. 根据容器类型控制好封口时间。

3. 本仪器不适合金属产品的封口。感应头不要接触金属。

六、实验报告要求

记录不同封口速度下的封口效果和实验条件，分析其变化的原因。

实验十八 塑料软管封尾工艺

一、实验目的

1. 了解塑料软管封尾工艺。

2. 掌握封尾设备的工作原理并能独立操作。

二、实验原理

运用超声波原理对软管、复合管进行尾部封口。设备工作稳定性好，效率高。

三、实验设备及实验材料

1. 实验设备：超声波软管封尾机（型号：QDFM-125），如图 2-17 所示。

2. 实验材料：塑料软管。

四、实验步骤

1. 接通电源。

2. 调节封合温度。

3. 将软管尾部置于封口工位开始封合。

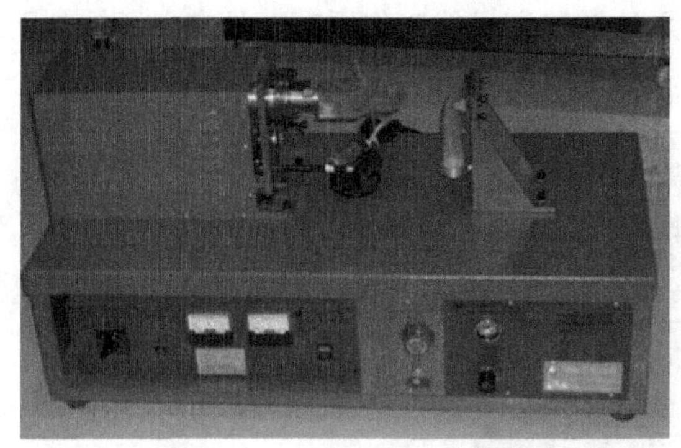

图 2-17　超声波软管封尾机

五、注意事项

1. 合理调节封口温度。

2. 实验结束后将设备清理干净。

六、实验报告要求

记录压力、延时时间、焊接时间等参数和对应的封尾效果，分析其变化原因。

实验十九　包装打码工艺

一、实验目的

1. 了解产品包装打码工艺。

2. 掌握打码设备的工作原理并能独立操作。

二、实验原理

固体墨轮打码机采用先进的固体墨轮，具备瞬印瞬干不易擦除之优异性能。该机设计先进、制造精密、运作平稳、纵向印字位置由电子控制，任意调节，采用光电控制印字动作及计数并可设定印字张数。

电动打码机采用油墨移印机的工作原理，具有电子控制无级调速功能，可在不同材质的各种形状物体的凹凸面上印刷。

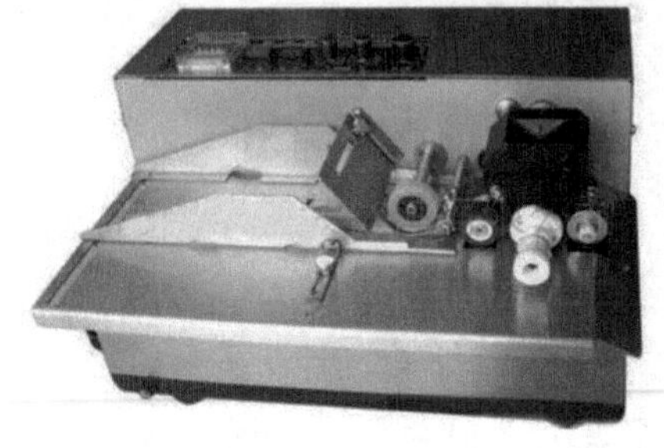

图 2-18 固体墨轮打码机

三、实验设备及实验材料

1. 实验材料：纸张、塑料薄膜、金属箔，各种包装容器。

2. 实验设备：电动打码机、固体墨轮打码机（型号：MY-380F）。

四、实验步骤

1. 设置打印内容。
2. 将材料置于实验台上。
3. 启动工作按钮开始打码。

五、注意事项

1. 调节准确的灌装量。
2. 实验结束后将设备清理干净。

六、实验报告要求

1. 详细描述实验过程和操作注意事项。
2. 通过改变实验条件，打印出理想的印字效果，分析其过程和原因。

实验二十 产品泡罩包装工艺

一、实验目的

1. 了解产品的泡罩包装工艺。

2. 掌握泡罩包装设备的工作原理并能独立操作。

二、实验原理

成型片材经加热装置加热软化，在成型装置中利用压缩空气将软化的薄膜吹塑成泡罩，充填装置将被包装物充填入泡罩内，然后送至平板式封合装置，在合适的温度及压力下将覆盖膜与成型膜封合，再经打字压印装置打印上批号及压出折断线，最后冲切装置冲切成规定尺寸的包装板块。

三、实验设备及实验材料

1. 实验材料：PVC、铝箔材料、产品。
2. 实验设备：泡罩包装机（型号：DPH-90），具体见图 2-19 所示。

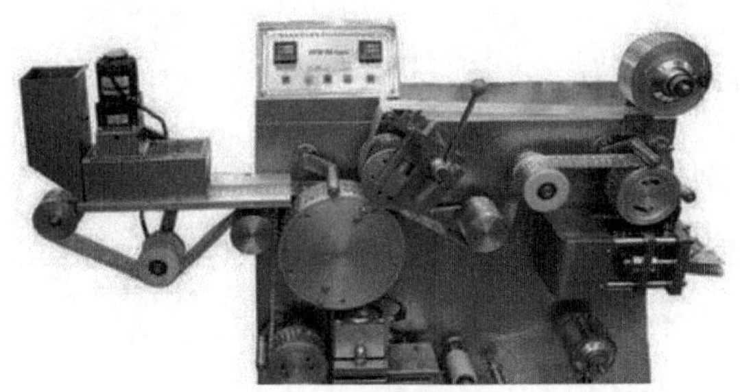

图 2-19　泡罩包装机

四、实验步骤

1. 安装材料。
2. 调整包装速度和泡罩成型加热温度。
3. 放入产品开始包装。

五、注意事项

1. 调节适宜的包装速度。
2. 调节适宜的加热温度。
3. 产品的选择要符合泡罩尺寸要求，否则会出现充填错误。

4. 实验结束后将设备清理干净。

六、实验报告要求

1. 详细描述实验过程和操作注意事项。

2. 通过改变实验条件，摸索并制作出理想的泡罩包装效果，结合设备原理和材料特性等分析其过程和原因（可以从被包装物品、包装材料和条件等多个方面进行讨论）。

实验二十一　产品贴体包装工艺

一、实验目的

1. 了解产品的贴体包装工艺。

2. 掌握贴体包装设备的工作原理并能独立操作。

二、实验原理

以产品本身的形状作为模型（阳模），通过对覆盖其上的塑料薄膜抽真空并加热，形成紧贴于产品的贴体泡罩，再使其与底板（卡纸板）热封黏合。

图 2-20　贴体包装机

三、实验设备及实验材料

1. 实验材料：塑料薄膜、纸板、产品。

2. 实验设备：贴体包装机（型号：TB390），具体见图 2-20。

四、实验步骤

1. 将产品放在纸板（普通卡纸、瓦楞纸板等）上的某个位置。人工或自动地输送到包装机的真空平台上。

2. 上方的加热器通电，当薄膜软化时降下薄膜架，使之覆盖在产品上。

3. 真空系统开始将薄膜与产品之间的空气抽掉，薄膜紧贴在产品外形之上。

4. 薄膜与纸板表面热熔封合。

5. 打开薄膜架，包装成型后的产品从包装机中排出，同时机器为下一轮操作做准备。

6. 薄膜架关闭，薄膜被截取夹住，薄膜架上升到高位，等待下一个产品与纸板进入工位。

五、注意事项

1. 调节适宜的加热温度。

2. 贴包装的底板应为多孔性材料以便于抽真空。

六、实验报告要求

1. 详细描述实验过程和操作注意事项。

2. 通过改变实验条件，摸索并制作出理想的贴体包装效果，结合设备原理和材料特性等分析其过程和原因（可以从被包装物品、包装材料和条件等多个方面进行讨论）。

实验二十二 产品热收缩包装工艺

一、实验目的

1. 通过实验加深对热收缩薄膜遇热收缩（即热收缩包装工艺）机理的理解。

2. 掌握热收缩包装设备的工作原理并能独立操作。

二、实验原理

利用有热收缩性能的塑料薄膜裹包被包装物品，然后进行加热处理，包装薄膜即按一定的比例自行收缩，紧紧贴住被包装物品表面。

薄膜的收缩率定义为薄膜在一定温度条件下和时间内薄膜尺寸的变化率。计算公式为：

$$S=\frac{L_0-L}{L_0}\times 100\%。$$

式中：S——薄膜热收缩率。

L_0——加热前长度。

L——加热后长度。

三、实验设备及实验材料

1. 实验材料：热收缩薄膜、产品。

2. 实验设备为远红外热收缩包装机（型号：BS-200），如图 2-21 所示。

图 2-21　远红外热收缩包装机

四、实验步骤

1. 预包装：用收缩薄膜将产品裹包起来，留出必要的热封口。

2. 热收缩：将预包装的物品放到热收缩设备加热收缩。

五、注意事项

1. 根据收缩薄膜特性调整适宜的热收缩温度。热收缩效果不佳，设置参数，提高热收缩温度；热收缩薄膜熔化黏附在包装物上，降低热收缩温度。

2. 根据产品特性确定合适的收缩张力。

3. 严禁把手伸入热收缩包装机以及接触传送铁辊。

六、实验报告要求

1. 详细描述实验步骤和操作注意事项。

2. 通过改变实验条件，摸索并制作出理想的收缩包装效果，结合设备原理和材料特性等分析其过程和原因（可以从被包装物品、包装材料和条件等多个方面进行讨论）。

实验二十三 纸板挺度实验

一、实验目的

1. 确定纸板纵横向挺度差异。
2. 了解纸板挺度测定仪的组成和工作原理。
3. 掌握纸板挺度概念，挺度与分度砝码值的关系。

二、实验原理

本仪器根据力矩对转轴中心平衡原理设计。一片被垂直夹住的试样的自由端，在设定条件下被弯曲 15°角所需的力矩即为该试样的挺度，单位 mN · m。

三、仪器简介

挺度是衡量纸和纸板抗弯曲强度的指标，纸板挺度测定仪是测定纸板挺度的专用仪器。

仪器主要由测量部分和传动部分组成，见图 2-22。测量部分由角度盘、力度盘、摆、夹纸器、推纸架、砝码等件组成。角度盘与传动部分的齿轮连接，共同做匀速转动。在角度盘边缘，对称零线刻有 ±7.5°和 ±15°角度刻线，指示试样被弯曲的程度，力度盘安装在壳体上，盘的正面在对称零线 ±90°范围内刻制刻度。摆装于主轴上，它可以自由摆动，摆体正面装有夹纸器和砝码，共同组成摆系统，摆系统是测量部分的核心部件。

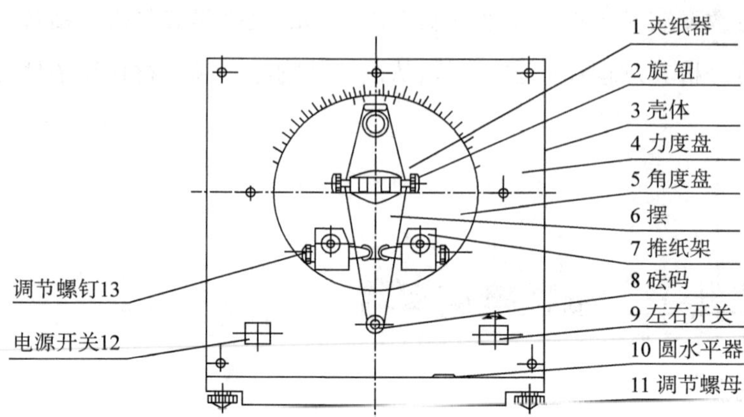

图 2-22　挺度测试仪结构外形图

表 2-15　仪器主要技术特性

测量范围 / mN・m	砝码		力度盘分度值 / mN・m
	编号	质量 /g	
0 ~ 5	1	5.098	0．05
0 ~ 10	2	10.197	0．10
0 ~ 20	3	20.394	0．20
0 ~ 50	4	50.985	0．50
0 ~ 100	5	101.97	1．00
0 ~ 200	6	203.94	2．00
0 ~ 500	7	509.85	5．00

注：1. 1mN・m=10cN・cm。
2. 角度盘分度值：±7.5°和 ±15°。
3. 试样尺寸（长 × 宽）：70mm × 38mm。
4. 测量范围：0 ~ 500mN・m，总测量范围内分七档。

四、实验结果的读数方法与计算

挺度实测值间接计算法：从力度盘上读取格数，然后进行计算。

计算公式：

$$S=nR(\mathrm{mN\cdot m})$$

式中：　n——对应不同砝码的分度值（见上表）。

R——在刻度 0 ～ 100 范围内的实际刻度值（每格为 1）。

注：挺度值保留三位有效数字。

五、操作方法

1. 按电源开关 12，接通电源。

2. 将试样的一端垂直地夹于夹纸器 1 的钳口内，试样的另一端应处于推纸架 7 的两个小辊之间。注意在夹紧试样时应使试样与夹纸器上部刻线对准。另外，还需根据试样厚度调节螺钉 13，先使圆辊接触试样，再翻转 1/4 转，以使圆辊与试样间有一定的间隙。

3. 根据被测试样的实际情况选择砝码，测定时如果能在力度盘刻度范围的 15% ～ 75% 之间读取读数，所选砝码就是合适的。

按动左右开关 9，角度盘转动，试样被弯曲，当摆的中心刻线所指的负荷刻度值，精确至半个分度。上述操作向左右方向分别进行一次，取两个方向测定结果的平均值。

六、数据记录与处理

表 2-16　纸板挺度实验数据

测量样品	砝码			实际刻度值		挺度
	编号	质量 /g	分度值	左侧	右侧	
1						
2						
3						
4						
5						
6						
挺度 S						

七、思考题

1. 比较同种纸张纵向与横向的挺度。

2. 影响纸张挺度的因素有哪些?

实验二十四 纸、纸板、瓦楞纸板含水率实验

一、实验目的

1. 确定纸、纸板、瓦楞纸板含水率与空气湿度的关系。

2. 了解含水率测定的方法和数据处理方法。

二、实验原理

该仪器引进国外先进技术采用高周波原理，即该仪器内设有一固有频率，被测物水分不同，通过传感器传进机内的频率就不同，二频率比较之差，经过频率电流转换器转换成电流，再通过模数转换器转换成数字显示。

三、仪器简介

仪器采用高周波原理，数字显示，传感器与主体合为一体，设有 6 个档位用来测量各种纸张、纸板、瓦楞纸、纸箱、浆板等的水分。该仪器测量水分范围宽、精度高、显示清晰、测量迅速、性能稳定、指标可靠，而且体积小、重量轻，可随身携带在现场进行快速检测，使用简单方便。是造纸、印刷、包装行业在生产过程中检验水分的理想仪器。

1. 测量水分范围：0 ～ 40%。

2. 使用环境：-5 ～ 60℃。

3. 显 示：3½ 位 LCD 液晶数字显示。

4. 精 度：±0.5%。

5. 体 积：160mm×60mm×27mm。

6. 响应时间：1 秒。

7. 电源：9V（6F22 型）积层电池一节。

8. 重量：200 克。

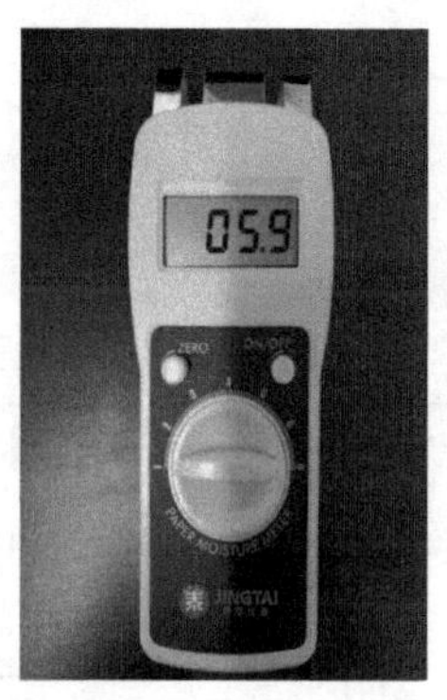

图 2-23　含水率测定仪外观图

四、实验操作与注意事项

1. 根据被测物不同选择挡位

1 挡：铜版纸、复印纸、传真纸。

2 挡：新闻纸、白板纸、涂布板纸。

3 挡：瓦楞纸、书写纸、牛皮纸、箱板纸。

4 挡：50 克以下纸张。

5 挡：浆板纸。

6 挡：纸箱、瓦楞纸板。

由于纸张结构不同，其介电系数亦不同，以上挡位为建议挡位。如有误差，请进行对比校验，如测量某一已知水分为 8% 的纸张，转动拨盘挡位为 6 挡时，数字显示为 08.0，以后再测量同类纸张时应将挡位拨盘转到 6 挡。

2. 手持仪表（探头勿与被测物接触），打开开关（按下 ON 键），数字应显示在 ±00.5 以内。若不在其范围内，应缓慢调整调零旋钮（ZERO），使数字显示在 ±00.5 以内即可。

3. 测量：由于仪器采用电磁波扫描技术，其扫描深度为 50mm。故测量时，纸张厚度应为 50mm 以上。将探头压紧纸面，传感器圆头与纸面接触为一直线，且仪表与纸张保持平行；打开开关（将开关拨到ON），待数字稳定后，显示的数字即为被测物的水分值。

4. 注意事项：由于高周波有较强的穿透性，因此，在测量时，被测物底部及周围不能有铁板或磁铁。

五、数据记录与处理

表 2-17 不同纸样含水率实验数据

测量样品	挡位	水分读数 /%
1		
2		
3		
4		
5		
6		
含水率 /%		

六、思考题

试述纸张水分含量对纸张的重要性。分析纸张水分改变后，纸张哪些性能会发生变化？

实验二十五 纸的耐破度实验

一、实验目的

1. 确定不同纸张的耐破度。

2. 了解纸张耐破度仪的工作原理。

二、实验原理

仪器根据液体传导压力的原理设计。

本仪器由机械和电测控制两大系统组成，分别完成机械动作的执行和控制机械动作程序及测试数据采集和处理，测试结果输出显示等功能。由于机械系统中的夹持压力调节、传动与变速的作用，使试样获得所需要的稳定夹持力和活塞推进速度，从而使胶膜对试样施加均匀分布的逐渐增大的压力，直至试样破裂。测试缸体上连接一个压力传感器，耐破度值由传感器输出的电压信号经转换通过二次仪表直接显示，由此实现耐破度值的测量。

三、仪器简介

电脑测控纸板耐破度仪主要用于各种纸板耐破度性能的检测，也可用于耐破强度在 6000kPa 以下的薄片材料的耐破度测定，适于在造纸、包装、质量监督等行业与部门使用。

仪器具有以下功能：定量设置功能、层数设置功能、自动测试功能、手动测试功能、返回功能、点动功能、删除功能、提取功能、数据处理功能、显示打印功能、系统复位功能、超量程保护功能、极限位置保护功能。

主要技术特性：

测量范围：0 ～ 6000kPa；最小读数值：1kPa。

自动连续测试间歇时间：约 4 秒。

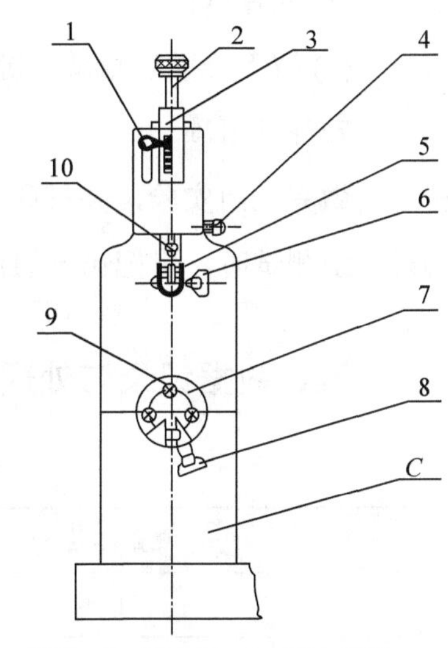

1—指针；2—张力杆；3—张力尺度；
4—制动螺钉；5—上夹头；6—捏手II；
7—下夹头；8—捏手I；
9—螺钉；10—调节螺钉

图 2-24　纸张耐破度仪结构图

四、操作方法及注意事项

1. 开启空气压缩机，待气压上升至大于 0.4MPa 时，调节调压阀旋钮，使仪器上的压力表指示值在 0.30 ～ 0.40MPa 范围。

2. 按除复位键外的任意键，仪器进入自校状态。

3. 按定量键进行定量置入后再按定量键确认。

4. 按层数键进行层数置入后再按层数键确认。

5. 自动测试操作

(1) 在仪器处在待测试状态时，将试样置于上、下夹环间。

(2) 按自动测试键仪器进行测试，操作者应在每次测试完后及时更换试样，以免做空载实验。

(3) 最后一张试样测试完后，显示窗中提示"再按自动键退出"时，请再按下"自动测试"键，仪器退出自动测试状态。

6. 手动测试操作

(1) 放置试样；

(2) 按下"手动测试"键，仪器完成一次测试程序。

7. 注意事项

做完一组实验，并打印出测试数据后，请按一下"内存清除"键，否则在做第二组测试时，将把第一组测试数据计算在内。

五、数据记录与处理

表 2-18　纸的耐破度实验数据

测量样品	耐破度读数
1	
2	
3	
4	
5	
6	
耐破度	

六、思考题

影响纸材料耐破强度的因素有哪些？

实验二十六 纸及瓦楞纸板戳穿强度实验

一、实验目的

1. 确定纸、瓦楞纸板的戳穿强度。

2. 了解戳穿强度仪的组成。

3. 掌握戳穿强度仪重砣与标尺的关系。

二、工作原理

当试样被夹持机构夹紧时，摆系由图 2-25 中锁紧块 1 所示位置摆动，其质心具有的位能为戳穿试样提供了动力功。试样被戳穿时，其阻力消耗了摆系的动力功，使摆系质心与水平位置形成一夹角，消耗的动力功即为试样的戳穿强度，由指针指示。仪器可更换不同的重砣，以改变摆系的动力功，测试不同试样的戳穿强度。

三、仪器主要结构

仪器主要结构可分为夹持部分、指示部分、摆系部分和释放部分。

夹持部分：由导向柱 11、防护罩 12、压紧螺钉 13、上夹板 14、杠杆手柄 15 和下夹板 16 组成。杠杆手柄起开启上、下夹板作用；导向柱起下夹板导向并提供夹紧力作用；防护罩起安全保护作用。

指示部分：由标尺 8、指针组件 10 组成。该部分指示试样抗戳穿能力之值。

摆系部分：由重砣 4、重砣杆 5、摆臂 6、平衡砣 7、拨针杆 9、戳穿头 20、摩擦套 21 和圆弧臂 22 组成。更换不同的重砣，可改变摆系的动力功，以测试不同的试样；调节平衡砣的上下位置，可改变摆系质心位置，从而改变戳穿头（摆臂自由下垂时）距摆轴水平面的距离；摩擦套是为了防止戳穿头被试样卡住，以减小戳穿头与试样之间的摩擦，延长戳穿头的使用寿命；通过调节戳穿头上顶丝螺钉的位置，可调节摩擦套与戳穿头的配合松紧程度。

释放部分：由锁紧块 1、紧固螺钉 24、定位块 2 和操作手柄 3 组成。定位块保证摆系和质心在摆轴水平面位置；操作手柄起释放摆臂作用，并在簧片作用下自动复位。

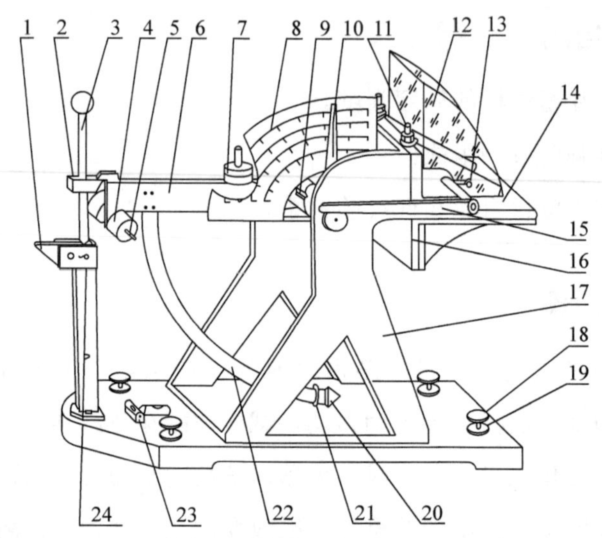

1—锁紧块；2—定位块；3—操作手柄；4—重砣（B、C、D砣和滚花螺母）；5—重砣杆；6—摆臂；7—平衡砣；8—标尺；9—拨针杆；10—指针组件；11—导向柱；12—防护罩；13.压紧螺钉；14—上夹板；15—杠杆手柄；16—下夹板；17—机座；18—调平旋钮；19—锁紧螺母；20—戳穿头；21—摩擦套；22—圆弧臂；23—水平器；24—紧固螺钉

图 2-25　戳穿强度仪结构图

四、操作方法及注意事项

1. 重砣与标尺的对应说明（见表 2-19）。

表 2-19　重砣与标尺的对应说明

标尺分档	分度值	重砣杆（5）两端挂砣和螺母
A 标尺	0.05J	不挂任何砣及滚花螺母（空摆）
B 标尺	0.1J	两个 B 砣和滚花螺母
C 标尺	0.2J	两个 B 砣、C 砣和滚花螺母
D 标尺	0.5J	两个 B 砣、C 砣、D 砣和滚花螺母

2. 观察水平器 23 是否调平，将摩擦套 21 装在戳穿头 20 部。

3. 压下杠杆手柄 15，将试样（注意方向）放在上、下夹板中间，轻放杠杆手柄，将指针 10 拨至满刻度（满量程）处。

4. 松开紧固螺钉 24，打开锁紧块 1，向左方拉操作手柄 3，释放摆臂 6。

5. 在对应的标尺上读数。

6. 将摆臂拉回待释放位置，装上摩擦套，用锁紧块锁紧。

7. 压下杠杆手柄 15，取出被戳破的试样，将指针对准满量程处。

8. 按上述程序可做下一次实验。

9. 注意事项

（1）安装重砣时，一定将释放杆锁紧，以免造成事故。

（2）严禁戳穿头碰撞坚硬物体，操作手柄上的定位块 2 不能随意调整。

（3）使用完毕，将摆臂 6 置于图 2-25 中重砣 4 所示位置，并用锁紧块 1 锁紧，取下重砣 4，旋紧紧固螺钉 24。

（4）严禁在无试样时释放摆；严禁随意调节平衡砣 7 的上下位置。

（5）若戳穿头被“卡”在试样中，应拿住重砣杆 5 先往戳穿方向转动，再顺势往后拉，从试样中退出戳穿头。

五、数据记录与处理

表 2-20 纸样戳穿强度实验数据

测量样品	标尺分挡	戳穿强度
1		
2		
3		
4		
5		
6		
戳穿强度		

六、思考题

1. 在实验的过程中为何戳穿不同层数的瓦楞纸板用不同的挂砣？

2. 影响瓦楞纸板戳穿强度的因素有哪些？

实验二十七 纸及纸板耐折度实验

一、实验目的

1. 确定纸、纸板的纵横方向上的耐折度。

2. 了解纸张、纸板耐折度测量仪器的组成和工作原理。

3. 理解纸张、纸板耐折度的概念，耐折度与双折次数的关系。

4. 掌握通过耐折度判断纸、纸板纵横向的方法。

二、工作原理

试样被夹持在上下夹头之间，并被施以一定张力。当开动电机后，电机转动经齿轮变速，再通过偏心轮滑块机构使齿条做上下运动，齿条带动小齿轮左右摆动，折叠头与小齿轮同轴安装，因此它与小齿轮一起摆动，由折叠头的左右摆动实现对试样的折叠。在滑板向上运动的同时，使光电对管产生脉冲信号，此信号输入电路中进行计数。当试样被折断后，张力消失，上夹头上行，使张力杆上的遮光片遮住光电对管，控制电机停转，计数停止，显示窗显示测试结果。

三、仪器概述

本仪器是测定厚度 1mm 以下的纸张、纸板及其他片状材料耐折叠疲劳强度的仪器。本仪器主要由传动部分、测试部分、电子测控部分组成。

1. 传动部分

传动部分主要由电机、大齿轮、小齿轮、偏心轮、滑块、滑板、齿条、齿轮、手动旋钮等组成。

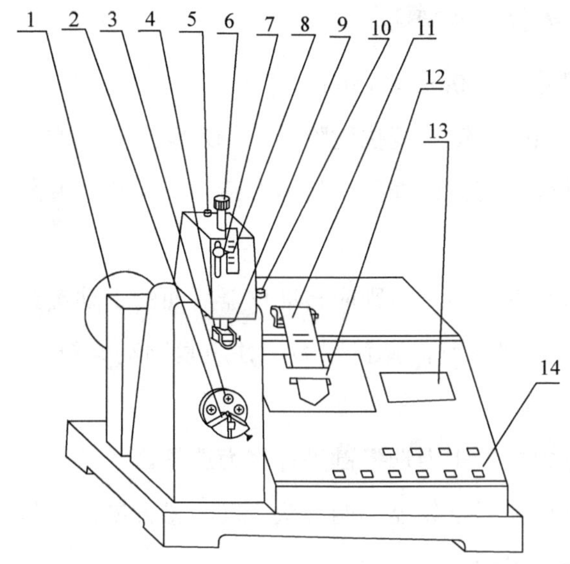

1—电机；2—下夹头；3—螺钉；4—上夹头；5—油壶；6—张力杆；
7—指针；8—张力度尺；9—调节螺钉；10—制动螺钉；11—打印纸卷；
12—打印机；13—液晶显示器；14—操作面板

图2-26 耐折度仪结构图

2. 测试部分

本部分的主要作用是使试样在一定夹持张力下完成张力实验。

3. 电子测控部分

工作原理：按下测试键时，信号进入微处理器，若此时光电开关处于通电状态时，则信号传送到电机，电机转动，反之，电机不转动。电机转动后，折叠次数由光电对管转换为脉冲信号输入微处理器，由微处理器计数，并输入一信号控制电机停转。所有工作程序预先编好，写入寄存器由微处理器执行。微处理器所得测试结果通过液晶显示器显示也可由打印机打印输出。

仪器主要技术特性如下：

双折次数：1 ～ 6×10^4 次。

耐折度：0 ～ 4.78（以10为底的双折叠次数的对数值）。

张力调节范围：4.9 ～ 14.7N。

折叠角度：左右各135° ±2°。

四、操作方法及注意事项

1. 取试样，尺寸为 150mm×15mm。

2. 接通电源，按任意键（复位键除外），仪器进入待试验状态。

3. 根据被测试样厚度，选择缝口规格合适的下夹头，并装于主机摆动轴法兰盘上。

4. 检查下夹头是否对中，否则应转动仪器后面的手动旋钮使其对中。

5. 按下张力杆，调节所需弹簧张力，并旋紧制动螺钉。一般纸为 9.8N，纸板为 9.8 ～ 14.7N。

6. 根据弹簧张力按下张力选择键进行张力选择。

7. 将纸条垂直地夹紧于仪器的两夹头之间，松开制动螺钉，使张力杆放松，此时弹簧对试样施加张力。

8. 根据试样的纵横向按“纵横选择”键进行选择。

9. 按一下“测试”键，实验开始直到试样被折断，实验停止，读取显示窗上的数值，次值即试样的双折次。

10. 松开上、下夹头取下被折断的试样。

11. 进行下一次实验时，重复 4 ～ 9 即可。

12. 一组试样测试完毕后，可根据需要按下“平均选择”键，选择显示双折次平均值和耐折度平均值。也可按“提取”和“删除”键删除差异较大的测试值。

13. 试样测试完毕后，可按下“打印”键，得到打印结果。

14. 若此时需对另一种纸样进行试验，需按一下“复位”键，清除仪器内存，再按 3 ～ 12 进行即可。

15. 注意事项

（1）在夹纸时，一定要用手轻轻将试样拉直，使试样得到准确的张力。

（2）实验完毕，将张力指针调到最低值，以免弹簧疲劳失效。

五、数据记录与处理

表 2-21　纸样耐折度实验数据

测量样品	张力值	双折次	耐折度
1			
2			
3			
4			
5			
6			
耐折度			

六、思考题

1. 比较同种纸张纵向与横向耐折度。

2. 影响纸张耐折度的因素有哪些？

实验二十八　纸及纸板抗张强度实验

一、实验目的

1. 确定纸、纸板的抗张强度、断裂长、变形率。

2. 了解纸张、纸板抗张强度试验机的组成和工作原理。

3. 掌握纸张、纸板抗张强度测试的方法和测试数据的处理方法。

二、实验设备及实验材料

实验设备：XLW 智能电子拉力试验机。

实验材料：厚度小于 1mm 的纸及纸板。

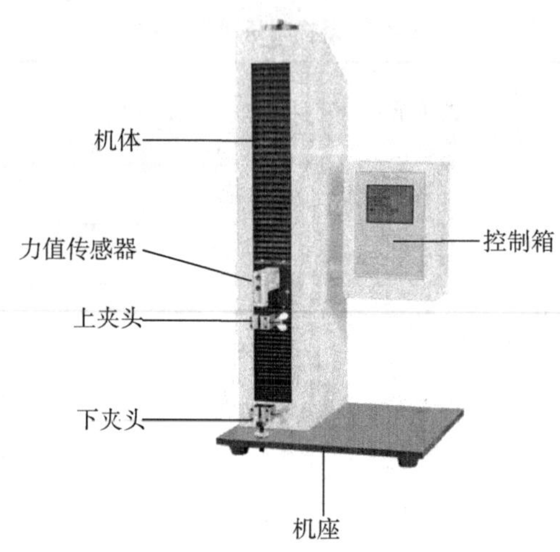

图 2-27　XLW 智能电子拉力试验机外观图

三、实验原理

XLW 智能电子拉力试验机适用于塑料薄膜、复合膜、胶粘制品、纸张等材料拉伸、剥离、剪切撕裂、热封等技术指标的测试。该设备具有自动零点校准、内部自动分挡、过载保护、拉伸行程两端限位保护功能。各个实验项目独立运行，实验结果单位均为标准实验单位，且可以进行实验结果的成组统计分析。

四、设备功能

本设备可完成如下实验项目：

- 抗拉强度与变形率
- 拉断力与变形率
- 热封强度
- 撕裂强度
- 剪切强度
- 180°剥离

- 90°剥离

1. 抗拉强度（单位面积上的力）$\sigma = \frac{F}{b \times d}$

σ：抗拉强度（MPa）。

F：力值（N）。

b：宽度（mm）。

d：厚度（mm）。

2. 拉伸强度（单位宽度上的力）$\sigma = \frac{F}{b}$

σ：拉伸强度（kN/m）。

F：力值（N）。

b：宽度（mm）。

3. 热封强度（单位宽度上的力）$B = \frac{F}{b}$

B：热封强度（N/15mm）。

F：力值（N）。

b：宽度（mm）。

4. 撕裂强度（单位宽度上的力）$B = \frac{F}{d \times n}$

B：撕裂强度（kN/m）。

F：撕裂负荷（N）。

d：试样单层厚度（mm）。

n：试样层数（mm）。

5. 剪切强度$\tau = \frac{F}{b \times l}$

τ：剪切强度（MPa）。

F：剪切力（N）。

d：搭接宽度（mm）。

n：搭接长度（mm）。

6.180°剥离强度（单位宽度上的力）$\sigma_{180^\circ} = \frac{F}{B}$

σ_{180°：180°剥离强度（kN/m）。

F：剪切力（N）。

B：试样宽度（mm）。

7.90°剥离强度同 180°剥离强度

8. 变形率 $\varepsilon=\frac{l_1}{l_0}\times100\%$

ε：变形率（%）。

l_1：夹头之间距离（mm）。

l_0：拉伸长度（mm）。

五、实验操作（以拉伸强度与变形率实验项目为例）及注意事项

1. 仪器接通电源，出现“提示”屏，按“监控”键，转到“试验项目选择”屏幕。

2. 按“光标”移动引导星，选择相应实验项目，然后按“监控”键，确认选择，同时转到“实验项目屏”。

3. 在“实验项目屏”下，按“光标”移动引导星，选择相应项目，然后按“监控”键确认选择。若实验项目（拉伸强度与变形率）前的引导星被加亮，按“监控”键，则返回“实验项目”选择屏幕下。若“参数设置”前的引导星被加亮，按“监控”键，则转到“参数设置”屏幕下。按光标键移动引导星选择相应项，然后按“＋”和“－”键调整相应参数值，最后，按“监控”键，返回“实验项目”屏幕下。按“实验”键进入“待机”屏幕，按“上箭头”“下箭头”和“停止”键，调整上下夹具间的距离。

4. 装试样，再按“实验”键，开始实验。实验自动完成，自动回位到待机屏幕（屏幕显示：实验参数、实验结果，按“－”可查看曲线）。当做多组实验时：按“＋”键改变实验编号为2，然后装夹试样，按“实验”键，开始实验。实验完成自动返回。

5. 注意事项

（1）做剥离实验项目时，当启动“下箭头”后，必须认真观察上夹具与试验板之间的距离，当距离小于 15mm 时，应迅速按“停止”键，停止上夹具下降，否则会造成顶撞事故，是设备严重损坏。

（2）上夹具回位或下降时请取下试验板，防止撞坏传感器。

六、数据记录与处理

表 2-22 纸样抗张强度实验数据

样品种类	样品编号	尺寸	抗张强度 /MPa	裂断长	变形率 /%
	1				
	2				
	3				
	4				
	5				
	6				

七、思考题

1. 比较同种纸张纵向与横向的抗张强度。

2. 影响纸张抗张强度的因素有哪些？

实验二十九 纸及纸板撕裂度实验

一、实验目的

1. 确定纸及纸板纵横向的撕裂度，验证纸及纸板撕裂度与测试张数的关系。

2. 了解纸张、纸板撕裂度测定仪的组成和工作原理。

3. 掌握纸张、纸板撕裂度测试的方法和测试数据的处理方法。

二、实验原理

仪器根据功能原理设计。当扇形摆的质心升至一定高度（待撕位置）时，具有势能。摆释放后，势能转变为动能，动能撕裂试样做功，此功被分配到全部撕裂长度上。

三、仪器概述

撕裂度测定仪是测定纸张内撕裂强度的仪器，内撕裂强度是指纸张或纸板在标准规定的条件下被撕裂时所需的力。本仪器适用于各种纸张和适当厚度纸板的撕裂度测定。

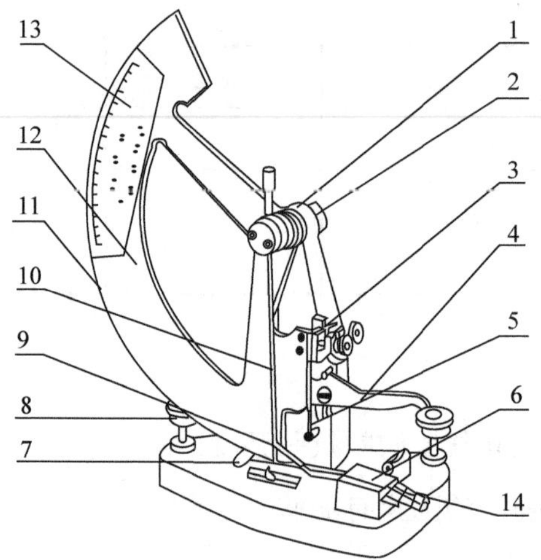

1—座体；2—主轴系统；3—夹纸机构；4—切纸机构；5— 拉簧；
6—限制机构；7—摆释放机构；8—调节旋钮；9—指针调节板；
10—指针系统；11—刻线螺帽；12—摆动体；13—力标尺；14—刻线螺帽

图 2-28　撕裂度测定仪

撕裂度测定仪的力标尺刻度是按同时撕裂 16 张（对 YQ-Z-20 型）试样和 4 张（对 YQ-Z-32 型）试样设计的，为使实验数据更加精确，请按有关标准规定执行。实验时应在标尺满量程的 20% ～ 80% 读数。为达此要求，可更换各级扇形摆或采取改变试样张数的方法做调整，对于后者，推荐采用 1 张、2 张、4 张、8 张或 32 张，所测结果按下式计算：

$$Ft=16\text{（或 4）}\cdot n/N \qquad \text{公式（1）}$$

式中： Ft——被测试样的撕裂度值 CN；（注 1gf=0.9807CN）

N——被测试样张数；

n——标尺读数 CN。

本仪器摆动系统主要由摆动体 12 和主轴系统 2 组成。当摆处于图示位置，其质心具有势能，用手按下摆释放机构 7，摆围绕主轴迅速摆动，势能转变为动能，为撕裂试样提供动力。

四、操作方法及注意事项

1. 使用前进行仪器的指针对零

指针对零：将摆动体 12 置于待撕位置，指针靠在指针调节板 9 上，做一次全程摆动，观察指针是否在标尺的零线位置。否则，应调整指针调节板的位置使其对零。

2. 将摆体置于待撕位置，指针靠在指针调节板上。

3. 将尺寸为 76mm×63mm 的试样横向放于夹纸器钳口内，旋紧夹纸器 3 旋钮。按下切纸刀 (4)，将试样切一条切口（切口长度应为 20mm）。

4. 按下释放板 7，做一次全程摆动，指针所指刻度即为单张试样的平均撕裂度值。如指针不在标尺的 20% ～ 80% 范围内应更换摆或调整试样层数。调整试样层数后撕裂度值的换算须按公式（1）进行。

5. 注意事项

实验时当摆刚刚摆回时，左手顺着摆动方向捏住摆体，使摆不再往下摆动，以防破坏实验结果。手捏摆体时应尽量轻，以免引起指针移位。

做实验时，请不要站在仪器的右侧，以免摆碰伤头部。

五、数据记录与处理

表 2-23　纸样撕裂度实验数据

测量样品	被测试样张数 N	标尺读数 n	撕裂度值
1			
2			
3			
4			
5			
6			
撕裂度值			

六、思考题

1. 比较同种纸张纵向与横向的撕裂度。
2. 影响纸张撕裂度的因素有哪些？

实验三十 塑料薄膜热收缩实验

一、实验目的

1. 验证不同薄膜的热收缩性，确定结构对热收缩性的影响。
2. 掌握热收缩实验仪的工作原理。
3. 掌握塑料薄膜热收缩性能的测试方法和测试数据处理方法。

二、实验设备及实验材料

实验设备：RSY-R2 热收缩实验仪。

实验材料：收缩薄膜。

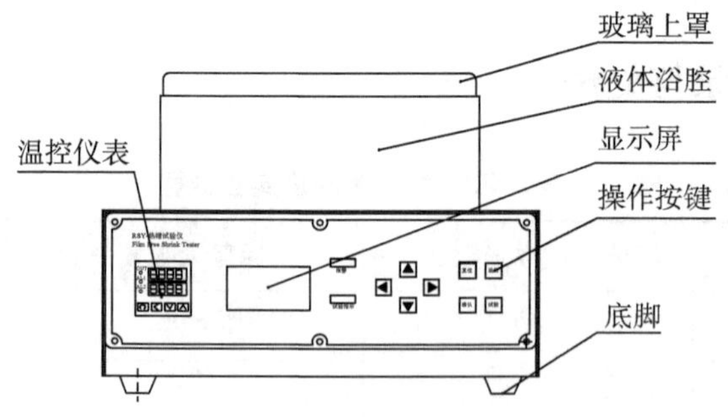

图 2-29　热收缩实验仪结构图

三、实验原理

将仪器液体浴腔内液体加热到一定温度，一定规格的薄膜试样用夹持网固定，然后放入高温液体中。由于试样薄膜在制造过程中经过一定程度的定向拉伸，遇热后会有一定的收缩趋势。薄膜收缩前后尺寸变化越大，薄膜的收缩率越高。浴腔内液体的温度不同，薄膜的收缩率也不同。此实验能够判断薄膜的热收缩性能。

四、操作方法及注意事项

1. 仪器通电

仪器通电前应向浴腔内注入 1000 毫升液体导热介质。

2. 设定试验参数

（1）进入主界面

方法：电源开关打开后按任意键进入主界面。

（2）进入设置界面

方法：按箭头把光标移动到“设置”项，然后按“确认”键进入“设置界面”。

（3）设置收缩时间

方法：界面中的时间表示试样在介质中的热收缩时间，最长设置为 9999s。按上下“箭头”键可增减热收缩时间值，然后按“确定”键保存数据。

（4）系统进入测试状态

方法：按“返回”键回到主界面，按“箭头”键把光标移动到“实验”项，按“确认”键进入实验界面，按“返回”键回到主界面。

（5）液体加热温度设置

方法：在温控表界面上，“OUT”为加热指示，“AL1”为实际温度显示，“AL2”为设置温度显示。设置温度可直接按“数据增”或“数据减”按钮调节。当仪表的右上角指示灯亮时，表示系统正在加热。

3. 制备试样

方法：按实验要求裁取相应尺寸的试样。

4. 测试开始

方法：把待测试样放入薄膜夹持网中，把网放在托架内。液体温度达到设定温度后，把试样放入浴腔中。进入仪器“实验”界面，在薄膜放入浴腔的同时按下“实验”键，以对薄膜热收缩时间计时，这时实验指示黄灯亮。

5. 实验结束

方法：实验结束时，实验指示黄灯灭，同时蜂鸣器蜂鸣提示，取出试样。按下“确定”键，蜂鸣器停止蜂鸣。

6. 注意事项

（1）实验时液体介质温度较高，小心烫伤。

（2）给液体介质加热时，要充分了解介质的加热特性，应在介质的安全温度下工作，以免发生危险。

（3）严禁把浴腔内介质加热到200℃以上，加热温度设定值必须控制在加热介质的闪点温度值20℃以下。

五、数据记录与处理

1. 数据记录。

2. 根据POF、PVC不同温度、不同时间条件下的纵横收缩率，绘制3s条件下温度—纵向收缩率图、横向收缩率图以及5s条件下温度—纵向收缩率图、横向收缩率图。

3. 根据温度、时间对横纵向收缩率的影响，得出POF和PVC收缩率关键影响因素。

表2-24 塑料薄膜热收缩实验数据

样品种类	时间/s	3				5			
	尺寸/cm	横向11	横向12	纵向11	纵向12	横向21	横向21	纵向21	纵向22
PVC热收缩膜（尺寸）	50								
	60								
	70								
	80								

续表

样品种类	时间 /s	3				5			
	尺寸 / cm	横向 11	横向 12	纵向 11	纵向 12	横向 21	横向 21	纵向 21	纵向 22
POF 热收缩膜（尺寸）	50								
	60								
	70								
	80								
收缩率 /%	50								
	60								
	70								
	80								

六、思考题

1. 什么是热收缩薄膜？
2. 简述热收缩薄膜的生产工艺。
3. 常用热收缩薄膜有哪些？

实验三十一　图像扫描与处理

一、实验目的

1. 认知扫描仪的基本结构和工作原理。
2. 掌握扫描仪的使用方法和基本参数设置。
3. 掌握使用扫描仪对图像的阶调层次、颜色、清晰度等参数的调整方法。

二、实验基本原理和方法

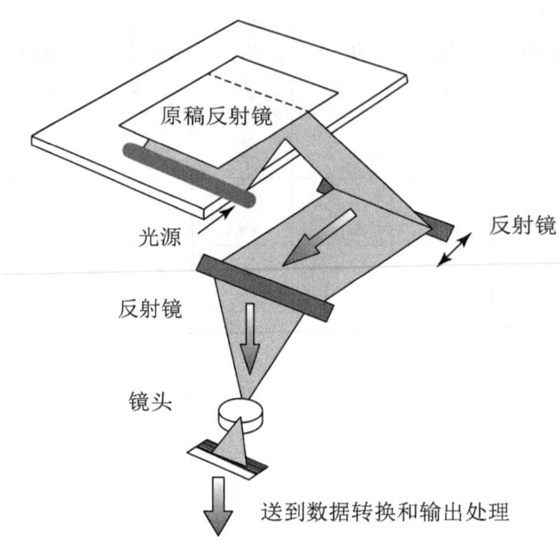

图 2-30　平板扫描仪工作原理图

行扫描方式。由条形光源并行发光，通过条形对称的光学成像系统形成扫描成像，并将之投射到单色或四色线阵 CCD。经过光电转换、模数转换，通过屏幕显示“所见即所得”，进行阶调层次调整、色彩校正、清晰度强调和去网等操作，最终得到符合要求的彩色图像数字文件。

三、实验仪器设备及主要参数

MicroTek ScanMaker、PC 计算机，主要参数如下：

1. 光学分辨率：2400dpi ×4800 dpi。

2. 4.0 动态密度，展现影像丰富细节。

3. A3 幅面的反射稿扫描。

4. USB2.0 接口。

四、实验步骤

1. 实验准备。准备彩色连续调原稿（彩色照片、网目调印刷品原稿）、黑白线条稿各 1 张。

2. 打开扫描软件，进入扫描系统界面，根据原稿特点以及具体应用正确选择扫描分辨率、色彩类型、扫描缩放比例等参数。

3. 对原图像进行预扫描，并且在预览的图像中选择所需扫描的图像区域。

4. 对图像选中区域，进行黑白场定标、阶调层次调整、颜色校正、清晰度调整（锐化处理），使扫描图像尽可能地接近原稿，或者得到想要的效果。

5. 扫描网目调原稿图像时，需要对原图像进行去网处理。根据原稿的加网线数正确设置去网参数，防止原稿加网特性对扫描图像的影响。

6. 点击“预览”，观察修改后的图像调整效果。

7. 点击“批处理”，扫描仪将采用上述扫描参数扫描选择区域的图像。

五、实验记录与数据处理

1. 参数设置

表 2–25　扫描软件中的“setup”对话框的参数设置

原稿类型	彩色连续调原稿	原稿类型	黑白线条稿
扫描模式			
缩放比例			
扫描分辨率			
去网参数			

2. 分别调整以下参数扫描图像，并将扫描调整前后的对比结果图粘贴到实验报告的合适位置。

（1）白场 / 黑场定标；（2）层次调整；（3）颜色调整；（4）清晰度调整。

六、注意事项

扫描环境保持洁净，避免灰尘、飞絮对扫描过程的干扰。

七、思考题

1. 在扫描过程中，连续调原稿扫描分辨率和线条稿原稿扫描分辨率的确定方法和依据分别是什么？

2. 结合实验心得，如何才能获得良好的符合实际应用的扫描原稿？试总结。

实验三十二 PS 版晒版

一、实验目的

1. 了解 PS 版的晒版原理。

2. 掌握打印硫酸纸的方法。

3. 掌握利用晒版机晒制 PS 版的方法。

二、实验基本原理和方法

晒版过程实质就是一个曝光过程。晒版时，印版和原稿被放置在有工作玻璃和橡胶密封垫的密闭室内，抽真空，使印版与原稿紧密地贴向工作玻璃平面，在预设的曝光时间内，光源对印版进行曝光。曝光结束，印版发生相应物化反应，一次晒版作业完成。

晒版操作流程：抽真空→二次抽真空→主曝光→辅曝光→完成作业。

三、实验室晒版机结构及主要参数

实验室采用 SB550 型晒版机，主要参数如下：

1. 晒版尺寸：650mm×550mm。

2. 光源功率：1000W 碘镓灯。

3. 光均匀度：85%。

4. 定时范围：0 ～ 999 秒（可调）。

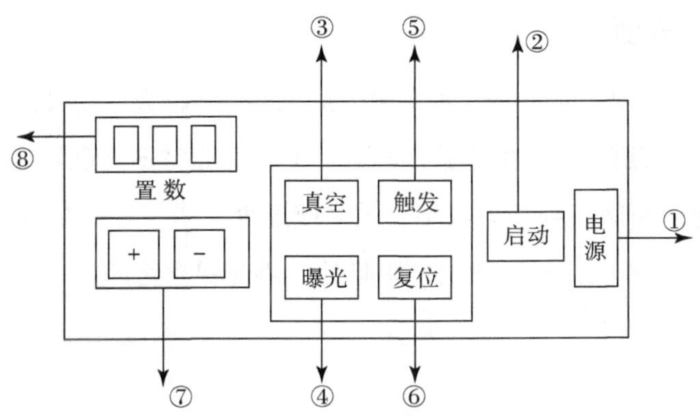

图 2-31　晒版操作结构简图

5. 印刷速度：2000 ～ 7000 张 / 时。

6. 外形尺寸：（长 × 宽 × 高） 800 mm×750 mm×900 mm；重量：125kg。

四、实验步骤

1. 制版胶片准备。设计制作彩色（4 色）包装盒的平面展开图，拼大版并用 Photoshop 软件分色形成 4 个数据 (灰度图) 文件。利用激光打印机在硫酸纸上打印 4 张打印稿（CMYK 各 1 张）。

2. 晒版前检查胶片（硫酸纸）是否存在脏点，是否内容有误等。

3. 正式晒版。放置片基时，要使片基的药膜面与 PS 版的药膜面相接触；对准叼口，在非印刷的边侧上放置晒版梯尺、抽真空和晒版。记录好晒版时间，按照灰度梯尺确定最佳晒版时间。

4. 显影操作。在显影槽内倒入足够的显影液，保持一定显影浓度，将 PS 版放入显影槽中，将有图文的感光片朝上，对显影槽下端摇晃，并注意观察。显影时间控制在几十秒至 2 分钟之间。显影至图文清晰、网点饱满后，将 PS 版取出，用水进行清洗。

5. 检查晒好的 PS 版，并进行整版。用修版液除去版面脏点，用水冲洗。检查 PS 版没有问题，提墨，用布蘸取一定量油墨在 PS 版面擦涂，再次用水冲洗，然后均匀在 PS 版上擦拭封版胶，使 PS 版自然晾干或风干，以供印刷使用。

五、注意事项

1. 显影后一定要用水冲洗，冲掉 PS 版表面的显影液，使其停止显影。

2. 印版表面有脏点，可用除脏剂除去。千万不能将图文破坏，以免造成废品。

3. PS 版擦涂封版胶要均匀，不宜过多或过少。

4. 晒制好的 PS 版，一般放置在阴暗处，避光保存待印。

六、思考题

1. 叙述从图像处理到印版输出的主要工序和操作过程。

2. 详细说明影响 PS 版晒版质量的主要因素。

实验三十三 胶印工艺与质量控制

一、实验目的

1. 印刷前的材料准备。

2. 印刷过程输纸和收纸的控制。

3. 印版的安装与拆卸。

4. 印刷过程水墨平衡控制、印刷压力控制、印刷速度控制。

二、实验室胶印机结构及主要参数

仪器设备主要参数如下：

1. 最大印刷面积：454mm×345mm。

2. 最大用纸尺寸：470mm×365mm；最小用纸尺寸：90mm×140mm。

3. 用纸克重：30 ～ 250g/m²。

4. 墨辊 10 根（着墨辊 2 根），水辊 4 根（着水辊 1 根）。

5. 印刷速度：2000 ～ 7000 张 / 时。

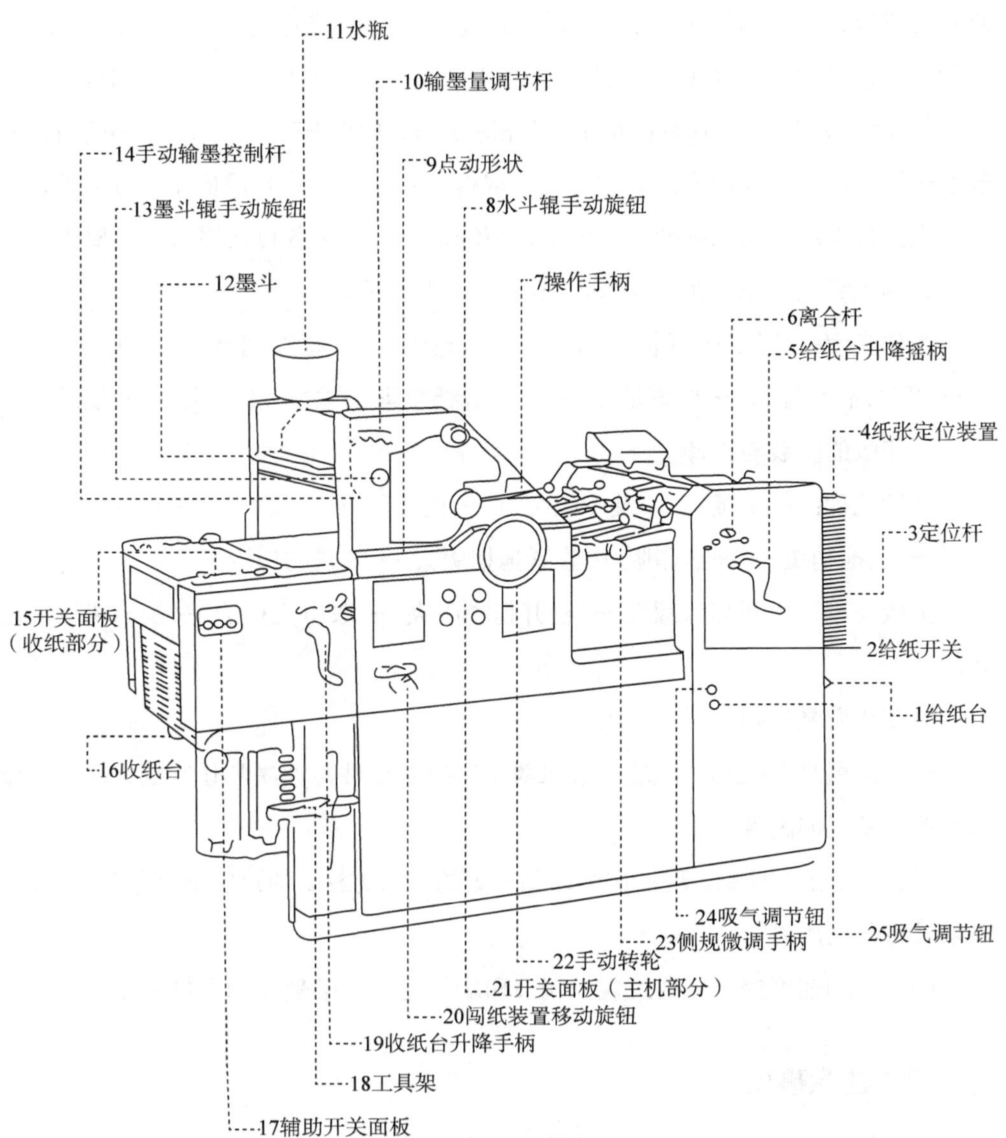

图 2-32　实验室双色单面胶印机结构简图

6. 主电机 0.75kW 气泵电机 0.55kW 机械尺寸（长 / 宽 / 高）1760mm×935mm×1340 mm。

三、实验步骤

1. 印刷材料感性认识。感知 5 种常见纸张（铜版纸、胶版纸、书刊纸、新闻纸和白板纸）的外观特性，对比其颜色、白度、平滑度、光泽度、强度、厚度等差异；感知 4 种常见油墨（油型胶印墨、普通树脂墨、亮光树脂墨、快固树脂墨），阅读油墨标签，取出少量油墨查看油墨色相和黏度；取旧 PS 版一块，了解外观特性、表面平滑度、图文膜和空白处的特性；取橡皮布一块，感知橡皮布的方向性、弹性和表面特性；认识润湿液、洁版膏、清洗剂等，了解各自作用与使用要求。

2. 输纸和收纸 500 张，要求每组学生 10 分钟完成。

操作流程：装纸 → 开机 → 升纸堆 → 输纸开 → 检查调节输纸部件 → 开气泵→ 开气路 → 输纸 → 检查输纸情况 → 输纸完毕 → 关气泵 → 停机→ 收纸

3. 印版的安装与拆卸

装版流程：松平版夹 → 装印版叼口 → 夹紧印版 → 放衬垫 → 点动机器包卷印版 → 装拖梢边 → 夹紧印版 → 收紧拖梢版夹 → 收紧叼口版夹

拆版流程：松开叼口版夹 → 松开拖梢版夹 → 取出拖梢边 → 反点机器取出印版

4. 胶印质量控制

（1）水墨平衡控制。现场讲解水墨平衡控制部件，油墨乳化判断方法、水量大小鉴别及影响因素。

（2）印刷压力控制。现场讲解印刷压力的调节方法。通过实地测量包衬厚度，现场计算印刷压力。

（3）印刷速度控制。通过现场调节印刷机速度，感受印刷质量变化。

四、注意事项

安全第一，要特别注意收纸装置可能存在的安全隐患。

五、思考题

1. 每组同学用手机拍摄“印版安装与拆卸”的视频，提交视频文件备查和交流。

2. 每组同学用手机拍摄“输纸和收纸”的视频，提交视频文件备查和交流。

实验三十四 纸张厚度测定

一、概述

纸张厚度测定仪可精确测定纸张纸板、烟草薄片等柔性片状材料的厚度。主要技术特性如下：测量范围为 0 ～ 3mm；分度值为 0.001mm。

二、仪器构造

本仪器主要由传动系统和测量系统两部分组成。传动系统主要由电机、凸轮、推杆组成，其作用是使测头按规定速度上升和下降。测量系统主要由座体、量砧、上测量头、重砣、千分表座和千分表组成，其作用是对试样施加规定压力、测量并指示试样的厚度值。

三、工作原理

本仪器依据接触测量法设计。电机转动时可通过凸轮、推杆等传动件使测头按一定速度上升和回落，测头回落时即可按规定速度接触被置于二测量面间的试样，并对试样施加规定的接触压力。测头相对于下测量面的位移量由置于测头上部的指示仪表指示，该指示值即为被测试样的厚度。

四、操作步骤

1. 准备试样，使用圆形裁纸机进行取样，可以与定量使用同一样品，每个样品至少测 3 个点，至少测 3 张圆样，取平均值。

2. 按电源开关接通电源。

3. 擦除测量面油污。

4. 千分表指针对零。

5. 按工作开关，待上测头上升后将试样置于上、下测量面之间。

6. 测头回落接触试样后，待千分表指针稳定时立即读取示值并做记录。

7. 待上测头抬起后移动试样，将试样另一待测部位置于上、下测量面之间。
8. 重复第 6 步。
9. 重复第 7 步。
10. 每一试样测量五次。

五、数据记录与处理

实验三十五 纸张纸板定量测定

一、仪器的功能与用途

使用电子天平进行测量。

二、仪器主要技术特性

1. 测量范围：质量 0.001 ～ 200g；定量 10 ～ 1000g/m^2。
2. 最小读数值：质量 0.0001g；定量 0.001g/m^2。
3. 一般参数：去皮范围 0 ～ 50g；自校砝码 50g；稳定时间 4s。

三、操作和使用

1. 使用裁纸机裁取一定大小的圆，至少 5 张。
2. 在电子天平称重，至少 5 次。
3. 根据所测得重量标识大小进行定量计算，g/m^2。

四、注意事项

仪器不许超载测试（物品重量不许超过 52.00g），不能用手去拉或压载物盘，以免损坏传感器。

五、数据记录与处理

实验三十六 纸板抗压强度测定

一、实验目的

1. 掌握瓦楞原纸的环压强度。

2. 掌握瓦楞纸板的边压、平压强度。

3. 了解瓦楞纸板的黏结强度。

二、仪器工作原理

本仪器是由机械传动和电子测控系统共同组成的机电一体化的实验装置。由于机械系统的传动与变速作用，使仪器下压板获得稳定的匀速上升运动，从而对置于下压板上的试样施加逐渐增大的压力，上压板的底部安装一个力传感器，当试样受力后，传感器也同时受到大小相等的力的作用，传感器内部应变体上的力敏元件，可将变形力转换为电压信号并输出，由此实现力值的测量。

三、仪器的构造

全智能测控压缩强度测试仪采用高精度传感器感应，测试纸类之环压强度、边压强度、黏合强度及平压强度并直接显示测试值。

1. 机械传动系统

该系统的主要功能是传动和变速。电动机的转动，经第一级蜗杆蜗轮减速、第二级蜗杆蜗轮减速和螺母丝杠机构的共同作用，使下压板按规定的速度执行向下或向上的匀速直线运动。

2. 电子测控系统基本工作原理

测量部分：由传感器输出的信号经放大器、转换，频率信号送入微处理器，经处理后输出（显示或储存）。

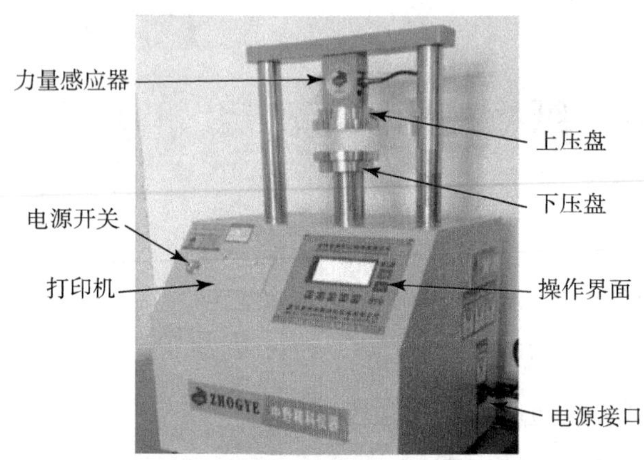

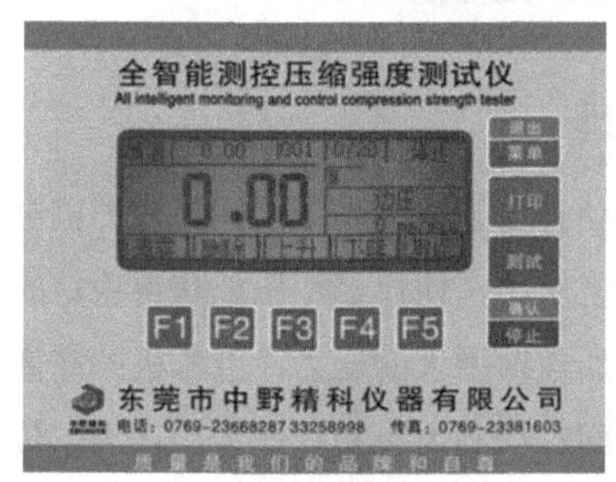

图 2-33 全智能测控压缩强度测试仪示意图

控制部分：由微处理器、寄存器、按口电路等元器件组成控制线路，其主要功能是根据传感器输出的不同的信号状态，按预先编好的程序，自动控制系统工作，完成各种控制功能。

系统工作只需按动测试键，即可完成电机启动、对试样施力，采集力值、峰值保持和储存、试样被压溃后下压板自停和返回复位，测量结果显示等全部工作，系统还具有数据处理功能，可根据要求给出试验力平均值、标准偏差、最大力值、最小力值、环压强度、环压指数、边压强度、黏合强度的计算值。

四、使用操作步骤

1. 开机预热 30 分钟。

2. 不同试样的准备及测试。

（1）边压强度测试

图 1

图 2

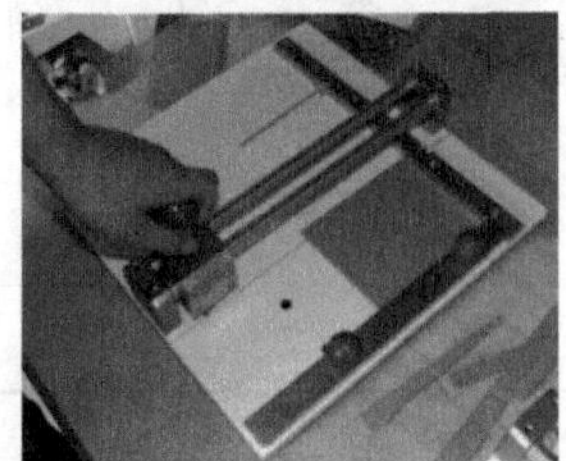

图 3

图 4

图 1：边压导块夹持试样、夹紧试样

图 2：放在试验机的下压盘的中心位置

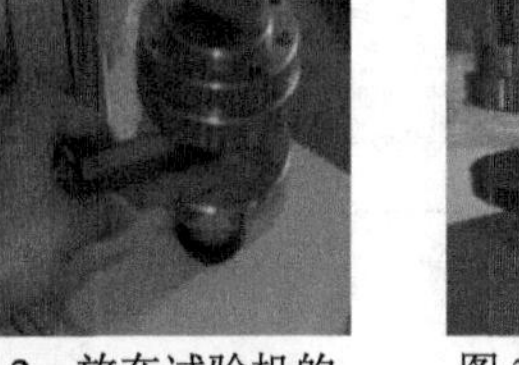

图 3：边压试样放入中心位置

图 4：按 TEST 键，开始测试

图 5：试样力值显示 20N 时，移开导块

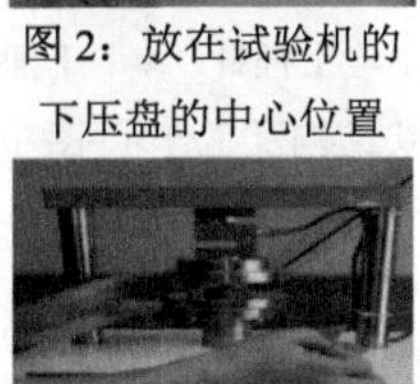

图 6：测试完成，取出试样，做下组测试

图 7：测试完成，按打印键，查看测试数据

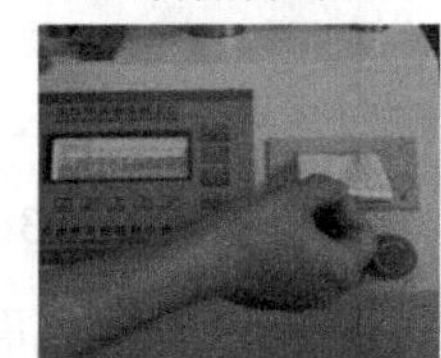

图 8：再次按打印键，打印出测试数据

图 2-34　边压试样切取

① 用边压 / 黏合取样器在样品中取规格为：横向 25mm（与楞型平行）纵向 100mm（与楞型垂直）的试样若干。

② 配合两块边压导块，夹紧试样，放在试验机的下压盘的中心位置。

③ 边压实验，按测试键自动完成测试，直到屏幕显示“停止”，实验完成。

④ 重复以上实验步骤，完成剩下试样的实验，按打印键 2 次，打印实验数据。

（2）黏合强度的测试

① 用边压 / 黏合取样器在样品中取规格为：横向 25mm（与楞型平行）纵向 100mm（与楞型垂直）的试样若干。

② 黏合强度试验架技术指标

表 2-26　楞型与插针规格对照表

插针规格 / 楞型	上插针		下插针	
	直径	数量	直径	数量
A	$\phi 3$	4	$\phi 3$	5
B	$\phi 2$	6	$\phi 2$	7
C	$\phi 3$ 或 $\phi 2$	5	$\phi 3$ 或 $\phi 2$	5

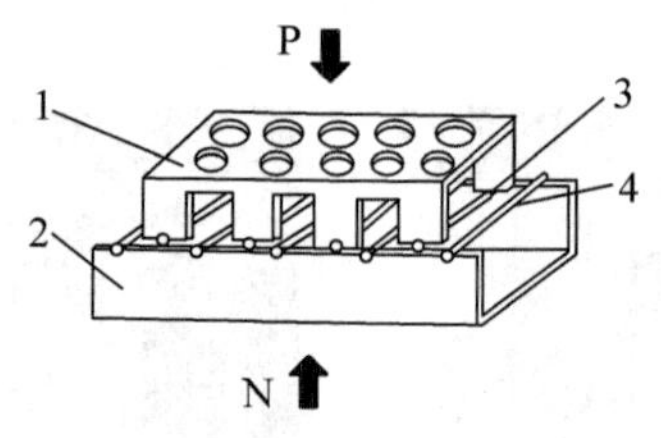

1— 上插针架；2— 下插针架；3— 上插针；4— 下插针。

图 2-35　剥离强度试验架结构及工作示意图

主要技术特征：

插针直径：Φ3mm（A 楞型）；Φ2mm（B、C 楞型）。

插针轴线对底面平行度误差：组合后 <1/100；受力（300N）时 <1/200。

③ 黏合测试

a. 根据试样楞型，参考表 2-26，选择合适的插针直径和插针数量。

b. 将上、下插针按照测试类型（A 型或 B 型，参考“黏合强度——插针剥离强度实验”中的示意图）依顺序插好（注意：上插针较短，下插针较长）。

c. 将穿有试样的插针水平放置在下插针架上，调整插针的位置，使下插针的支撑在下插架上，而上插针能够顺利地在下插针架上下运动（注意：上插针不能支撑在下插针架上，否则会使测试结果不准确，甚至对设备造成损坏）。

d. 将上插针架口向下放在已装好的下插针架对应的位置，使上插针落在上插针架的定位圆弧内。

e. 将装好试样的试验架放在试验机下压盘的中部，长边对着操作者。

f. 选择“黏合”实验，按测试键自动完成测试，直到楞峰和面纸（或芯纸）分离时，屏幕会显示“停止”，实验完成。

图 2-36　试样装入试验架

（3）环压强度的测试

① 用环压取样器切取规格 12.7mm×152mm 的试样 10 份，取样时试样不能褶皱和挤压两边，以免影响实验结果。

图 2-37　环压取样器切取纸样

② 按照如图 2-38 所示的方法把试样厚度放到合适的环压中心盘里面（注意在进纸的时候一定要戴着手套操作，不能挤压纸样的两边，以免纸样变形影响结果）。

③ 把进纸完成的试样放到压缩强度试验仪的下压板的中心位置上，纸样开口对着操作者前面。

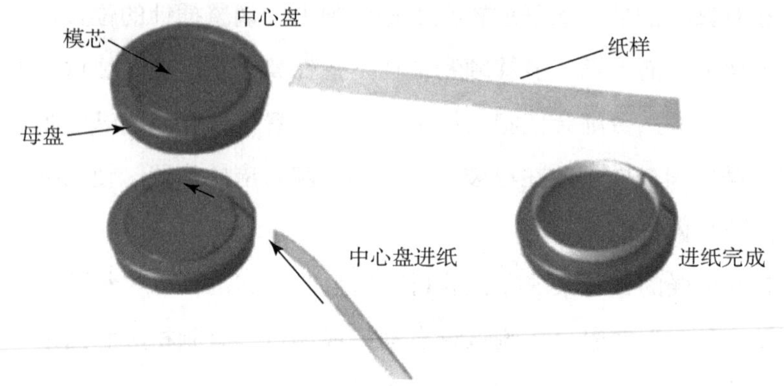

图 2-38　试样插入中心盘

图 2-39　中心盘放入下压盘

④ 选择“环压”实验，按键自动完成测试，直到屏幕显示“停止”，实验完成。

⑤ 重复以上实验步骤，完成剩下试样的实验，按打印键 2 次，打印实验数据。

（4）平压强度的测试

① 用平压取样器将试样切成 64.5cm² 或者 32.2cm² 试样若干。

② 将切好的试样水平放于试验机的下压盘的中间位置。

③ 选择“平压”实验，按键自动完成测试，直到屏幕显示“停止”，实验完成。

④ 重复以上实验步骤，完成剩下试样的实验，按打印键 2 次，打印实验数据。

五、数据记录与处理

1. 记录取样器上样品的尺寸。

2. 记录测试仪上的测试数据。

3. 记录各压缩强度的单位：平压（Pa、kPa、MPa、kN/m²、Lbf/in²、kgf/

cm²）、边压、黏合强度、环压强度（N/m、N/cm、N/mm、Lbf/in²、kgf/cm、kN/m）。

六、思考题

1. 比较同种瓦楞纸板平压强度和边压强度的大小。
2. 影响瓦楞纸板抗压强度的因素有哪些？

实验三十七 纸张纸板透气度测定

一、概述

肖伯尔式透气度仪是纸和纸板透气性能检测的定型仪器。该产品广泛用于造纸、卷烟等行业。主要技术特性：

1. 测量范围：0.01 ～ 100μm/(Pa·s)；
2. 最大气流量：1000ml；
3. 透气面积：（10.0±0.2）cm²。

二、仪器构造

本仪器可分为底板立柱部分、测头部件、压力计部件及贮水筒部件。

1. 底板立柱部分：可调水平，起支撑其他部件之作用。
2. 测头部件：提供规定的测试面积，起夹紧试样的作用。
3. 压力计部件：反映测试区的压差，并可以微调压力计标尺零点以便于观察。
4. 贮水筒部件：起贮水、放水作用，配上量筒后可测出穿过试样的空气体积。

三、工作原理

本仪器采用水气置换法的原理制造。一片规定尺寸的试样被夹持在测头中，在单位时间和单位压差下，空气透过单位面积试样的平均流量即为该试样的透气度，以 μm/(Pa • s) 表示。

四、使用操作步骤

1. 旋动标尺微调旋钮，将 0 刻线对准两边液面。

2. 将试样放在下测头的端面上，旋紧压紧试样旋钮。

3. 根据所用量筒的高度，略微松开锁紧旋钮，调节出水管的高度，在出水管下放上所选的量筒。

4. 打开排水阀，打开针形阀，观察 U 型管液面的变化，在 30 秒内，当两边液面分别到达 +0.5kPa、−0.5kPa 时，关闭放水阀。

注：

（1）上述压差为 ΔP1=1.00kPa，对不同的试样可选择 ΔP=2.00kPa 或 ΔP2=2.50kPa。

（2）若调节针形阀，压差达不到要求时，应按下述操作：排水阀和针形阀均处于开通位置，用一容器装出水管排出的水，此时，略微松开锁紧旋钮，直到能上下移动出水管夹为止（手放开时管夹不往下掉），往上（或往下）移动出水管夹，同时观察 U 型管的压差是否达到要求，达到要求时，关闭排水阀即可。

5. 倒掉量筒的水，在出水管下放上量筒，打开排水阀，用秒表计时，到一定时间关闭排水阀。

6. 测量量筒中水的体积，即为透过试样面积的气体体积（ml），按下式计算透气度：

$$Ps=V/(\Delta P \cdot t)$$

式中：Ps——肖伯尔透气度，μm/(Pa • s)；V——测定时间内通过试样的空气体积，ml；ΔP——试样两边压差，kPa；t——测定时间，s。

五、注意事项

1. 当贮水筒内蒸馏水用完时，应关闭排水阀，打开漏斗阀和排气阀，加水完备后，应关闭漏斗阀和排气阀。

2. 当测试持续时间达不到要求时，可微调针形阀控制，对同一种试样而言，该阀经调整好后，不再调，操作排水阀即可。

3. 进行测试前，应观察仪器底板上的水平泡是否居中。如果水平泡不居中，则应调平旋钮，使水平泡居中。

六、数据记录与处理

七、思考题

影响纸材料透气度的因素有哪些？

实验三十八 塑料薄膜热封性能测试

一、实验目的

1. 熟悉热封的基本原理。
2. 掌握热封工艺的基本知识。
3. 熟悉实验技能和方法。

二、实验设备及实验材料

1. 实验设备：HST-H3 热封实验仪。
2. 实验材料：塑料薄膜基材、软包装复合膜。

三、实验原理

调节减压阀使气缸达到预期的热封压力，由单片机系统进行计时、控制电磁阀的换向，从而达到热封头移动的目的，使包装材料在一定的热封压力、热封时间和热封温度下封合，通过改变热封温度、热封压力以及热封时间参数，能够迅速找到合适的热封工艺参数。

四、实验步骤

1. 准备实验材料

将实验材料切成要求的尺寸。

2. 系统上电。

3. 打开系统气源。

4. 设定实验参数

（1）进入主界面

方法：电源开关打开后按任意键进入主界面。

（2）进入设置界面

方法：按“设置”键，进入实验主界面。

（3）设置热封时间和热封压力

方法：在主界面中，用左右箭头键，移动光标到参数设置选项上，按“设置”键，进入系统的参数设置界面。

① 热封时间设置

按“左右”键选中“时间”项，按“上下箭头”键改变数值大小，然后按设置保存。

② 热封压力设置

a. 确认两热封头之间未放置任何东西。

b. 按“左右”键选中“压力”项。

c. 按“实验”键，上热封头下降与下热封头压合。

d. 拔出调节压力旋钮，调节机器右上侧的压力旋钮来增大或减小压力值，调节完毕后锁定压力旋钮。

e. 按“设置”键保存设定的压力数值。

f. 按“返回”键使上热封头回位。

（4）设置热封温度

方法：按“返回”键回到主界面，按“箭头”键把光标移动到“实验”项，按“确认”键进入实验界面，按“返回”键回到主界面。

5. 将热封头加热到要求温度。

6. 放置试样，按“实验”键实验（或用脚踩脚踏开关）。
7. 实验结束。
8. 关闭电源。
9. 关闭系统气源。

五、注意事项

1. 实验过程中，避开热封头运动的区域范围，以免被压伤或烫伤。
2. 待设定温度达到稳定后，再进行热封实验。
3. 下热封头温度最好不要长时间超过 200℃。
4. 压力设定后，应锁紧保护，禁止再调节压力旋钮。
5. 实验结束后应关闭加热。

六、思考题

1. 影响塑料薄膜热封性能的因素有哪些？
2. 塑料薄膜常用的热封方法有哪些？
3. 本实验设备适合哪些薄膜的热封？

实验三十九　软包装件密封性测试

一、实验目的

1. 熟悉密封试验的基本原理。
2. 掌握密封性能测试的基本知识。
3. 熟悉实验技能和方法。

二、实验设备及实验材料

1. 实验设备：MFY-01 密封性实验仪、压缩空气泵。

2. 实验材料：密封好的塑料袋。

三、实验原理

通过对真空室抽真空，使浸在水中的试样产生内外压差，观察试样内气体外溢情况，以此判定试样的密封性能；通过对真空室抽真空，使试样产生内外压差，观测试样膨胀及释放真空后试样形状恢复情况，以此判定试样的密封性能。

四、实验步骤

1. 试样置入

打开真空罐注入适量清水。注入量以放入试样扣妥上盖后，罐内水位高于多孔压板上侧 10mm 左右为佳。

2. 参数设置

（1）设置真空度

按“SET”至 P1，按“＋”或“－”键，调到数值为预设真空度加 1（例如：预设真空度为 -60kPa，则 P1 值设定为 -59kPa）。

按“SET”至 P2，按“＋”或“－”键，调到数值为 -101.3（出厂前设定）。

按“SET”至 P3，按“＋”或“－”键，调到数值为预设真空度（预设真空度为 -60kPa）。

按“SET”至 P4，按“＋”或“－”键，调到数值为 -101.3（出厂前设定）。

按“SET”至 00（不闪烁，为接近或等于 0 的数）。

（2）设置保持时间

确认系统处于待机状态，按“SET”键，LCD（液晶显示）左端的数字闪动，按“＋”或“－”键使 LCD 左端数字为预定保持时间为 10（例如：预设保压时间 10min）。按“停止”键，LCD 显示 10 ～ 600。

3. 按“实验”键启动实验

真空罐开始抽真空，达到预设真空度后，程序控制自动切断压缩空气管路，系统自动开启真空保持阶段。LCD 右端时间递减，显示保持时间变化，直到为 0，保持时间完成。系统自动开始反吹，使真空罐内压力恢复至正常大气压。按“停止”键，停止反吹。打开真空罐取出试样，放入下一件试样。

注意：在实验过程中，当未达到真空度，但试样已破裂，则必须按“停止”键，然后再按“反吹”键，电子真空开关显示为“00”或接近于“00”的值后，按“停止”键，结束反吹，系统返回待机状态。最后取出试样。

五、注意事项

1. 实验时严禁无人监控，操作人员应及时观察实验情况。
2. 严禁使用有机溶剂擦拭真空管。

六、思考题

哪些产品的包装要做密封性测试？

实验四十 塑料薄膜热封剥离性能测试

一、实验目的

1. 了解和掌握塑料薄膜（片材）拉伸性能的测试方法，如塑料薄膜的抗拉强度与变形率，拉断力与变形率的测试。
2. 掌握不同形状试样的拉伸性能测试方法。
3. 了解并掌握智能电子拉力试验机的使用方法。
4. 了解其他测试项目的测试方法，如热封强度、撕裂强度、压敏胶带剪切强度，黏合剂和复合材料的剥离强度等项目的测试。

二、实验设备及实验材料

1. 实验设备：XLW 智能电子拉力试验机。
2. 实验材料：各种塑料薄膜和厚度小于 1mm 的塑料片材。

三、实验原理

XLW 智能电子拉力试验机适用于塑料薄膜、复合膜、胶粘制品、纸张等材料拉伸、剥离、剪切、撕裂、热封等技术指标的测试。该设备具有自动零点校准、内部自动分档、过载保护、拉伸行程两端限位保护功能。各个实验项目独立运行，实验结果单位均为标准实验单位，且可以进行实验结果的成组统计分析。

四、设备功能

本设备可完成如下试验项目：

- 抗拉强度与变形率
- 拉断力与变形率
- 热封强度
- 撕裂强度
- 剪切强度
- 180°剥离
- 90°剥离

1. 抗拉强度（单位面积上的力）$\sigma = \dfrac{F}{b \times d}$

σ：抗拉强度（MPa）。

F：力值（N）。

b：宽度（mm）。

d：厚度（mm）。

2. 拉伸强度（单位宽度上的力）$\sigma = \dfrac{F}{b}$

σ：拉伸强度（kN/m）。

F：力值（N）。

b：宽度（mm）。

3. 热封强度（单位宽度上的力）$B = \dfrac{F}{b}$

B：热封强度（N/15mm）。

F：力值（N）。

b：宽度（mm）。

4. 撕裂强度（单位宽度上的力）$B=\frac{F}{d\times n}$

B：撕裂强度（kN/m）。

F：撕裂负荷（N）。

d：试样单层厚度（mm）。

n：试样层数（mm）。

5. 剪切强度$\tau=\frac{F}{b\times l}$

τ：剪切强度（MPa）。

F：剪切力（N）。

d：搭接宽度（mm）。

n：搭接长度（mm）。

6.180°剥离强度（单位宽度上的力）$\sigma_{180^\circ}=\frac{F}{B}$

Σ180°：180°剥离强度（kN/m）。

F：剪切力（N）。

B：试样宽度（mm）。

7. 90°剥离强度同 180°剥离强度

8. 变形率 $\varepsilon=\frac{l_1}{l_0}\times 100\%$

ε：变形率（%）

l_1：夹头之间距离（mm）

l_0：拉伸长度（mm）

五、实验步骤（以拉伸强度与变形率实验项目为例）

仪器接通电源，出现“提示”屏，按“监控”键，转到“实验项目选择”屏幕。

按“光标”移动引导星，选择相应实验项目，然后按“监控”键，确认选择，同时转到“实验项目屏”。

在“实验项目屏”下，按“光标”移动引导星，选择相应项目，然后按“监控”键确认选择。若实验项目（拉伸强度与变形率）前的引导星被加亮，按“监控”键，则返回“实验项目选择”屏幕下。若“参数设置”前的引导星被加亮，按“监控”键，则转到“参数设置”屏幕下。按光标键移动引导星选择相应项，然后按“＋”和“－”键调整相应参数值，最后，按“监控”键，返回“实验项目”屏幕下。按“实验”键进入“待机”屏幕，按“上箭头”“下箭头”和“停止”键，调整上下夹具间的距离。装试样，再按“实验”键，开始实验。实验自动完成，自动回位到待机屏幕（屏幕显示：实验参数、实验结果，按“－”可查看曲线）。当做多组实验时：按“＋”键改变实验编号为2，然后装夹试样，按“实验”键，开始实验。实验完成自动返回。

六、注意事项

1. 做剥离实验项目时，当启动“下箭头”后，必须认真观察上夹具与试验板之间的距离，当距离小于15mm时，应迅速按“停止”键，停止上夹具下降，否则会造成顶撞事故，使设备严重损坏。

2. 上夹具回位或下降时请取下试验板，防止撞坏传感器。

七、思考题

1. 相同厚度的LDPE和PP抗拉强度较高的是哪种？

2. 如何通过抗拉强度与变形率曲线了解材料的性能？

实验四十一 塑料薄膜透湿性能测试

一、实验目的

1. 了解塑料薄膜透湿性实验原理。

2. 学习并掌握TSY-T1H透湿性测试仪的使用方法。

二、实验设备及实验材料

1. 实验设备：TSY-T1H透湿性测试仪、透湿杯、取样器。

2. 实验材料：LDPE、PVDC、PA等塑料薄膜。

三、实验原理

在一定的温度下，使试样的一侧保持恒定的饱和蒸汽压，另一侧保持干燥，通过测定透湿杯内蒸馏水蒸发减重随时间递减的变化量求出试样的透湿量。

四、实验步骤

1. 材料准备及试样处理

准备塑料薄膜，用试样取样器得到直径为 100mm 的标准圆形试样（每组 1 个，要求平整、无划痕、无穿孔、表面无其他附着物），按照 GB/T 2918—1998 标准（23℃，RH50% 的条件下处理至少 4h）进行塑料薄膜试样的状态调节及实验。

2. 打开主机电源

按下左侧电源开关，给主机上电。注意：给主机上电前，一定确保在称重传感器上的托盘中无透湿杯。若实验中断电，再次通电前一定将透湿杯从称重传感器上的托盘中取下。

3. 正确装夹和放置试样，关闭密封门。

4. 合理设置参数

合理设置预热时间、设定温度、实验模式等，正确设置打印、通信等状态。

选中“设置”键，按“确认”键进入设置界面。选中“预热时间”按“确认”键进入设置界面，按“＋”和“－”键改变预热时间，按“存储”键，设置完毕。其他设置与此相似。

校验操作，温度和湿度传感器的校验工作在出厂之前已经校验完毕，用户无须再进行标定，仅完成称重校验即可。选中“称重校验”，连续按 8 次“确认”键进入校验界面。选中“零点”，按“存储”键记忆零点值，然后选中“终点”，再按“存储”键，放上标准砝码后，按“确认”键，待系统稳定后，将给出校正结束的提示，拿下砝码，称重校验结束。

5. 进入实验状态

按“返回”键到主界面，选中“实验”，按“确认”键自动进入实验。

注意：实验过程中，请仔细观察当前显示的湿度，在预热状态时，若湿度不为 RH 90%±2%，则取出干燥筒，通过增加分子筛托架内的 4A 分子筛重量，使之满足要求。

6. 实验自动结束，出具测试报告。

7. 取出透湿杯，关闭电源。

从实验腔中取出透湿杯并进行清理，关闭电源开关。

五、注意事项

1. 试样平整、无划痕、无穿孔、表面无其他附着物。

2. 正确装夹和放置试样，合理设置预热时间。

3. 透湿杯应使用蒸馏水。

4. 往透湿杯中加水时，应尽量避免有液滴溅到螺纹上。

5. 透湿杯放到托盘上时，应尽量轻拿轻放。

6. 进入判断状态、实验状态时，若湿度不为RH90%±2%，不可往分子筛托架内增减4A分子筛。须按复位键，回到待机状态，再往分子筛托架内增减4A分子筛。

7. 在使用过程中，应使用乳胶手套，以减少系统误差。

8. 杯中水位高度为杯槽高度的三分之二。

六、思考题

1. 实验结束前1小时内可否调整干燥剂的量？

2. 实验刚开始时可否调整干燥剂的量？

3. LDPE和PVC透湿度较大的是哪一种？

实验四十二 塑料薄膜冲击性能测试

一、实验目的

1. 了解塑料薄膜抗冲击性实验原理。

2. 学习并掌握 JM-03 抗摆锤冲击仪的使用方法。

二、实验设备及实验材料

1. 实验设备：JM-03 抗摆锤冲击仪。
2. 实验材料：LDPE、PVDC、PA 等塑料薄膜。

三、实验原理

通过半圆球形的冲头以一定的冲击速度冲击并冲破试样，从而测量出冲头所消耗的能量，借此能量来评价薄膜试样的抗摆锤冲击能量值。

四、实验步骤

1. 对设备进行校准。
2. 选定实验材料并按一定的规格裁取试样。
3. 将试样正确固定在试样夹持器中。
4. 释放摆锤使冲击头戳穿材料。
5. 读取数据并记录。

五、注意事项

1. 试样平整、无划痕、无穿孔、表面无其他附着物。
2. 正确装夹和放置试样。
3. 实验前要精确校准仪器。

六、思考题

1. 在实验的过程中，哪些操作会影响实验数据？
2. PP 和 PA 抗冲击强度较大的是哪一种？

第3章 包装工程专业综合实验

实验一 瓦楞纸箱设计及抗压强度评价

一、实验目的

1. 掌握瓦楞纸箱抗压强度的评价指标。

2. 掌握瓦楞纸箱的设计方法。

3. 掌握瓦楞原纸定量、厚度，瓦楞纸板含水率的测试方法。

4. 初步具备产品瓦楞纸箱的选择和设计能力。

5. 锻炼学生团队协作能力。

二、实验设计方法或思路

3 ～ 5 人为一实验小组，针对某小型产品，设计瓦楞纸箱外包装；对成型后的瓦楞纸箱进行抗压强度测试，并与该瓦楞纸箱的理论抗压强度进行对比评价。

三、实验仪器设备

1. 电子天平。
2. 纸张测厚仪。
3. 瓦楞纸板测厚仪。
4. 含水率测定仪。
5. 笔记本电脑。
6. 打样机。
7. 热熔胶枪。
8. 纸箱抗压强度试验机。
9. 纸板压缩强度试验仪。

四、实验步骤

1. 针对某产品设计瓦楞纸箱外包装，用电脑画出尺寸图。
2. 测定瓦楞原纸和面纸的定量、厚度、环压强度。
3. 测定瓦楞纸板的含水率。
4. 瓦楞纸箱打样。
5. 瓦楞纸箱黏合成型。
6. 瓦楞纸箱外尺寸测量。
7. 瓦楞纸箱抗压强度测试。
8. 瓦楞纸箱抗压强度评价。

五、实验体会与收获

结合本实验，说明在该实验中每组成员的收获与体会。

六、思考题

结合实验，说明影响瓦楞纸箱抗压强度的因素。

实验二　折叠纸盒设计、加工及制造

一、实验目的

1. 掌握折叠纸盒的设计方法。

2. 掌握纸板定量、厚度以及含水率的测试方法。

3. 初步具备产品折叠纸盒的选择和设计能力。

4. 锻炼学生团队协作能力。

二、实验设计方法或思路

3 ～ 5 人为一实验小组，针对某小型产品，选两种不同规格的白纸板，设计折叠纸盒包装；对成型后的折叠纸盒进行实际装载对比评价。

三、实验仪器设备

1. 电子天平。

2. 纸张测厚仪。

3. 含水率测定仪。

4. 笔记本电脑。

5. 打样机。

6. 热熔胶枪。

四、实验步骤

1. 针对某产品设计折叠纸盒外包装，用电脑画出尺寸图。

2. 测定白纸板的定量、厚度、含水率。

3. 折叠纸盒打样。

4. 折叠纸盒黏合成型。

5. 折叠纸盒实际装载对比评价。

五、实验体会与收获

结合本实验，说明在该实验中，每组成员的收获与体会。

六、思考题

结合实验，说明根据不同产品如何选择设计折叠纸盒。

实验三　塑料阻隔性对肉制品保鲜的影响

一、实验目的

1. 掌握肉质保鲜包装的设计。
2. 掌握塑料包装材料阻隔性测试方法。
3. 初步具备肉制品气调包装的选择和设计能力。
4. 锻炼学生团队协作能力。

二、实验设计方法或思路

3 ～ 5 人为一实验小组，针对牛肉、猪肉两种肉制品，选 2 ～ 3 种不同规格的塑料软包装，设计气调保鲜包装；对 2 ～ 3 种成型后的气调包装软包装进行对比评价。

三、实验仪器设备

1. 热封试验机。
2. 透气度仪。
3. 透湿度仪。
4. 气调包装机。

四、实验步骤

1. 针对所选肉制品设计保鲜包装，并从备用的塑料材料中选出适宜材料。

2. 测定所选塑料材料的厚度，确定长宽尺寸规格（一般要求≤ 20cm×20cm）。

3. 测定所选塑料材料的透湿性、透气性、热封性。

4. 根据步骤 3 中热封性的测定结果，选用适宜的热封条件对所选塑料材料进行热封。

5. 称取适量的肉制品装袋，每种塑料材料进行三个平行实验。

6. 采用同样的气调包装条件进行封口。

7. 将封口后的肉制品放置于恒温恒湿箱中，观查肉质变化。

五、实验体会与收获

结合本实验，说明在该实验中，每组成员的收获与体会。

六、思考题

结合实验，说明根据不同产品如何选择设计塑料保鲜材料。

实验四 塑料热封性对水果保鲜的影响

一、实验目的

1. 掌握水果保鲜包装的设计。

2. 掌握塑料包装材料热封性测试方法。

3. 初步具备水果气调包装的选择和设计能力。

4. 锻炼学生团队协作能力。

二、实验设计方法或思路

3～5人为一实验小组，针对两种新鲜水果，选2～3种不同规格的塑料软包装，设计气调保鲜包装；对2～3种成型后的气调包装软包装进行对比评价。

三、实验仪器设备

1. 热封试验机。
2. 透气度仪。
3. 透湿度仪。
4. 气调包装机。

四、实验步骤

1. 针对所选水果设计保鲜包装，并从备用的塑料材料中选出适宜材料。
2. 测定所选塑料材料的厚度，确定长宽尺寸规格（一般要求≤20cm×20cm）。
3. 测定所选塑料材料的透湿性、透气性、热封性。
4. 根据步骤3中热封性的测定结果，选用适宜的热封条件对所选塑料材料进行热封。
5. 称取适量的水果装袋，每种塑料材料进行三个平行实验。
6. 采用同样的气调包装条件进行封口。
7. 将封口后的水果放置于恒温恒湿箱中，观察水果变化。

五、实验体会与收获

结合本实验，说明在该实验中，每组成员的收获与体会。

六、思考题

结合实验，说明根据不同产品如何选择设计塑料保鲜材料。

实验五 高低温对常用塑料包装性能的影响

一、实验目的

1. 掌握针对不同被包物设计不同实验的方法。

2. 初步具备根据被包物储存条件设定测试条件的能力。

3. 掌握处理前后塑料材料物理性能的测试方法。

4. 锻炼学生团队协作能力。

二、实验设计方法或思路

3～5人为一实验小组，任选一类被包物，分析其储运条件，选择1种合适的塑料包装，针对该包装进行实验设计，针对该被包物设计不同高低温湿度测试条件，然后对不同高低温处理后的塑料包装进行物理性能检测。

三、实验仪器设备

1. 热封试验机。

2. 透气度仪。

3. 透湿度仪。

4. 高低温试验箱。

四、实验步骤

1. 任选一类被包物，并从备用的塑料材料中选出适宜材料。

2. 测定所选塑料材料的厚度，确定长宽尺寸规格（一般要求≤20cm×20cm）。

3. 根据实验设计对材料进行高低温处理。

4. 对高低温处理前后的材料进行热封、透气、透湿度测试。

五、实验体会与收获

结合本实验，说明在该实验中，每组成员的收获与体会。

六、思考题

结合实验，说明根据不同产品如何选择设计包装材料的检测实验。

实验六 活性包装对塑料包装保鲜性能的影响

一、实验目的

1. 掌握活性包装的特点。
2. 初步具备根据被包物的不同进行活性包装的方法。
3. 掌握活性塑料材料物理性能的测试方法。
4. 锻炼学生团队协作能力。

二、实验设计方法或思路

3～5人为一实验小组，任选一新鲜果蔬品。除氧、除乙烯等活性保鲜材料的配方比例会对产品包装袋透气性、透湿性、热封性等物理性能产生影响，进而要选择合适的气调包装，才能满足既定要求。实验中，活性保鲜材料的成分及其比例为变量，学生设计出不同的活性保鲜袋。

三、实验仪器设备

1. 热封试验机。
2. 气调包装机。
3. 透气度仪。

四、实验步骤

1. 选用不同活性保鲜材料，按不同配比，对活性保鲜材料进行设计。

2. 测定所选塑料材料的厚度，确定长宽尺寸规格（一般要求≤20cm×20cm）。

3. 对不同材料、不同配比制作出的保鲜材料塑料袋进行性能测定，研究其对热封性、透气性的影响，并进行合适的气调包装设计。

4. 依据活性保鲜包装材料透气性、热封性等性能的影响，对其进行气调包装设计。

5. 将食品放到活性保鲜包装袋内进行密封，放置一段时间，检测包装袋内气体成分及含量，比较不同活性保鲜材料对食品保鲜的程度，选择最佳活性保鲜材料配比。

五、实验体会与收获

结合本实验，说明在该实验中，每组成员的收获与体会。

六、思考题

结合实验，说明根据不同产品如何选择设计包装材料的检测实验。

实验七 铝塑复合茶包装袋防潮性能评价

一、实验目的

1. 掌握茶叶防潮实验的设计要素。

2. 初步具备根据茶叶特性设计防潮包装的能力。

3. 掌握所选用塑料材料物理性能的测试方法。

4. 锻炼学生团队协作能力。

二、实验设计方法或思路

3 ～ 5 人为一实验小组，实验对象为茶叶。通过对铝塑复合材料基本性能的了解，设计出满足条件的包装袋，通过对包装袋包裹下的茶叶水分测定，判断出包装袋防潮性能的强弱。

三、实验仪器设备

1. 热封试验机。
2. 真空包装机。
3. 鼓风干燥箱。

四、实验步骤

1. 根据茶叶包装的需要，选用 1 种铝塑复合膜及 2 种塑料透明膜。
2. 测定所选塑料材料的厚度，确定长宽尺寸规格（一般要求≤ 15cm×15cm）。
3. 裁切后，采用 3 边封的方式制作茶包。
4. 采用真空包装的形式进行包装，放置于相同室温环境中。
5. 定期进行称重，确定材料铝塑复合包装的防潮特性。

五、实验体会与收获

结合本实验，说明在该实验中，每组成员的收获与体会。

六、思考题

结合实验，说明根据不同产品如何选择设计包装材料的检测实验。

实验八 塑料包装有害物质的检测及迁移研究

一、实验目的

1. 初步了解塑料包装中有害物质的种类。

2. 初步具备有害物质检测测试的能力。

3. 掌握塑料中挥发性有机物，不挥发性有机物测定方法。

4. 锻炼学生团队协作能力。

二、实验设计方法或思路

3 ~ 5 人为一实验小组，任选一类水、酸、醇、酯类被包物。设计迁移模拟物，然后进行包装中有害物质迁移模拟物的制作。最后针对待测迁移模拟物的特点设计出该物质检测方法。

三、实验仪器设备

1. 鼓风干燥箱。

2. 真空包装机。

3. 迁移量及蒸发残渣测定仪。

四、实验步骤

1. 选择一类被包物，分析其特性，设计迁移模拟物 A。

2. 针对该被包物选择一类合适的塑料包装（日常的包装袋—自备）。

3. 根据国标要求采取合适的尺寸条 B。

4. 将 A 和 B 混合，放入特定温度的真空干燥箱中，制作实验样品。

5. 将实验样品放入迁移量及蒸发残渣测定仪中进行实验。

五、实验体会与收获

结合本实验，说明在该实验中，每组成员的收获与体会。

六、思考题

结合实验，说明如何测定塑料包装中的有害物质迁移。